国家级示范性虚拟仿真实验教学项目配套教材

化学实验安全教程

主　编　陈明丽　刘　敏
副主编　可　迪　石　微　孟　皓

东北大学出版社
·沈　阳·

图书在版编目（CIP）数据

化学实验安全教程 / 陈明丽，刘敏主编. — 沈阳 ：东北大学出版社，2020. 11

ISBN 978-7-5517-2547-7

Ⅰ. ①化…　Ⅱ. ①陈…　②刘…　Ⅲ. ①化学实验—安全技术—教材　Ⅳ. ①06-37

中国版本图书馆 CIP 数据核字（2020）第 213415 号

出 版 者：东北大学出版社
地址：沈阳市和平区文化路三号巷 11 号
邮编：110819
电话：024-83687331（市场部）　83680267（社务部）
传真：024-83680180（市场部）　83680265（社务部）
网址：http://www.neupress.com
E-mail：neuph@neupress.com
印 刷 者：辽宁一诺广告印务有限公司
发 行 者：东北大学出版社
幅面尺寸：185 mm×260 mm
印　　张：10
字　　数：183 千字
出版时间：2020 年 11 月第 1 版
印刷时间：2020 年 11 月第 1 次印刷
策划编辑：牛连功
责任编辑：杨世剑
责任校对：周　朦
封面设计：潘正一

ISBN 978-7-5517-2547-7　　　　定　价：35.00 元

序

非常高兴地看到又要有一本有关化学实验安全教育的新教材出版，这无疑将会促进高校化学实验安全教育体系的建设，提升高校化学实验安全教育课程建设的水平。近年来，已经有多本有关化学实验安全教育的教材相继出版，让化学实验安全教材建设呈现出百花齐放的新局面，有力促进了高校化学实验安全教育的蓬勃发展，也说明强化高校化学实验教育、构建化学实验安全教育体系、加强相关课程与教材建设已经成为共识，并得到了各方面的广泛重视。

近年来，化学实验安全教育正在经历着由“点点滴滴”向“涓涓细流”的变化，而在这个变化过程中，教材建设无疑发挥了巨大的推动作用。教材建设是课程建设的基础，是课程体系建设的具体体现，也是课程文化建设的载体。一本优秀的教材需要集中一个集体的智慧，是众多教师长期积累与努力的成果。由衷希望，经过高校化学教育工作者的持续努力，不断有化学实验安全教育的优秀教材出现。

化学实验安全是全世界高校面临的共性问题，提升化学实验安全教育水平也是时代发展的必然需求。安全事故并不是化学实验的必然。从历年发生的高校化学实验安全事故来看，缺乏安全教育、不遵守安全规则、粗心大意、无知无畏是导致安全事故的主要因素，这其中的绝大多数事故都是可以避免的。任何事物都具有两面性：水能载舟，亦能覆舟；火使人类感受温暖与便利，也带来火灾；电为人类带来光明，也存在触电伤亡的危险。化学为满足人类对美好生活的需要发挥了巨大的创造性，并为人类进步作出了卓越贡献。化学实验室则是化学工作者通向创新高地的必然途径，是培养化学专业人才的摇篮。我们在不断创新、培养人才的同时，也需要时刻谨记“防患于未然，趋利避害，居安思危”，需要“敬畏生命、崇尚科学、遵守规则”。

化学实验安全教育既需要注意课程教学的科学性、系统性，也需要与时俱进、突出时代特色。我们处于一个快速创新的时代、一个快速信息化的时代。化学实验安全教育呼唤新理念、新观念、新模式、新形态、新方法、新技术的出现，需要打造一个全方位的“立体化、情景化、互动化”的化学实验安全教育新体系。

愿化学实验室永远成为愉快实验、安全实验的创新之地！

大连理工大学　刘志广

2020 年 8 月 5 日

前言

高校实验室是对学生进行综合素质教育的重要平台，是新时代创新人才培养的摇篮，是教学、科研和国家创新体系建设的重要基地。近年来，国家对高校实验室建设的资金投入和改革力度不断加大，大量先进仪器设备和设施的投入使用不仅改善了高校教学、科研条件，使实验室建设在数量和质量上都得到明显提升，而且为人才培养提供了更多、更好的硬件保障。但随之而来的，实验室安全隐患和危及人身财产安全、破坏环境的事故也不断增加；尤其是随着高校招生、实验室规模的不断扩大，教育改革的不断深化，学生自主实验、创新实验数量的激增，以及实验室流动性、开放性的加大，高校实验室在安全管理方面的问题日渐凸显。因此，科学规范地组织实验活动，保障实验室人员、设备和环境安全，成为高校实验室管理的重要内容。

近年来，即使在实验设施设备不断完善、组织管理不断规范的情况下，高校实验事故仍接连发生：北京某大学东校区2号楼实验室内，学生在进行垃圾渗滤液污水处理科研实验时发生爆炸，造成参与实验的两名博士生和一名硕士生死亡；南京某大学一间实验室在相关人员做实验时发生爆燃，事发时强烈的冲击波将实验室大门炸飞，玻璃碴到处都是，当时身处实验室内的多名师生受伤；南方某大学化学化工与生物工程学院实验室发生爆炸，两名学生受重伤，一名学生受轻微擦伤。严峻的现实与沉重的代价表明，加强高校实验安全工作刻不容缓。

事故发生的原因是多方面的。有的是由于相关人员安全意识淡薄、安全管理不到位，让无资质人员对危险物品进行随意处理，进而引发火灾；有的是由于实验室内电气线路老化、超负荷运行、乱扯乱拉电线安置仪器设备，从而造成触电或电气火灾；有的是由于实验室内危险化学品存放、使用不规范，易燃易爆等危险化学药品没有按标准要求贮存，从而在遇到火花等火源时发生爆炸；有的是由于实验人员仪器操作不规范，导致实验药品泄漏、喷溅起火；有的是由于实验室内消防设施配备不全或者实验人员扑救方法不当，造成火势蔓延；有的是由于实验人员缺乏灭火和逃生自救常识，导致严重的人员伤亡和财产损失。总结事故发生的原因，无外乎三点：人的不安全行为；物的不安全状态；管理缺陷。考虑到危险化学品和危险化学实验操作过程中，有些由于物的不安全本质导致的不安全状态无法避免，化学实验的安全教育重点应放在提高人员安全意识、规范人员操作、加强人员安全操作规程管理上。

保障高校实验安全，既要整体部署动员，也要人人遵从践行；既要思想上高度重视，也要行动上细致操作；既要熟悉实验安全操作规范，也要懂得逃生自救方法。高校实验室要严格按照“全覆盖、零容忍、严执法、重实效”的要求，深入排查安全隐患、严密堵塞安全漏洞、强化安全管理措施、健全监管责任体系、构建长效工作机制、制定事故应急预案，以确保师生安全和校园稳定。

基于上述认识，我们编写了这本《化学实验安全教程》。本书根据国家相关法律、法规及高等学校实验室的普遍情况编写而成，旨在为高校开展有效的化学实验安全教育与安全管理提供知识与经验参照。本书编写过程中，注重危害辨识、操作规范和事故应急等内容，突出“防患于未然”的原则。另外，本书采用了信息化教学模式，读者只需扫描页边二维码就能直接获得相应的教学课件、多媒体素材（如图片和动画等）、视频演示等丰富的数字化资源，可以充分调动读者的多种感官，使读者能够成为知识信息的主动建构者。本书注重教学内容的实用性，如书中最后一章内容专门针对现阶段本科生开设的化学类实验项目进行了安全防护说明，以适应各阶段化学及相关专业师生的需求。

本书由东北大学化学系陈明丽教授和刘敏老师主编，参与编写的还有东北大学化学实验教学中心的可迪老师、孟皓老师，以及东北大学博士研究生石微。北京集智微瑞公司刘宇制作了信息化教学视频。本书由东北大学“百种优质教材建设”项目资助出版，在编写过程中参阅了相关的实验安全教育类图书和资料，以及互联网上的相关数据与案例，在此表示诚挚的感谢！

由于高校化学实验安全教育和管理工作涉及面广，加之编者的知识水平有限，书中难免有不妥之处，恳请教育同行、专家学者和广大师生批评指正。

编　者

2020 年 3 月于沈阳

目　录

第 1 章

高校化学实验室安全概述

高校化学实验室是开展化学实验的主要场地，化学实验安全绕不开化学实验室安全。高校化学实验室集中了学校主要的技术设备和教学资源，特别是一些“高精尖”设备，对教学、科研和技术开发等起到了强有力的支撑作用。近年来，国家实施的“双一流”建设和“新工科”建设，已成为我国高等教育的风向标。在我国高等教育不断深化改革的形势下，实验室建设也经历了一个快速发展期，尤其是实验教学示范中心的提出，使得实验室建设在数量和质量上都得到了明显提升。在此背景下，出现了更多的跨学科、交叉领域的实验室，进入实验室的人员呈现出数量多、流动性大、成分复杂、知识水平参差不齐等特点，做好实验室安全教育已成为高等学校一项长期的重要任务。

1.1　高校化学实验室的概念及特点

教学课件 1.1

高校实验室是高等教育的基础设施。我国著名的物理学家冯瑞院士指出，“实验室是现代大学的心脏”，形象地说明了实验室的重要作用。实验室按照学科分类，可分为物理实验室、化学实验室、生物实验室等。就化学实验室而言，按照二级学科分类，还可分为无机化学实验室、有机化学实验室、分析化学实验室、物理化学实验室和某些领域的应用化学实验室，如药物化学实验室等。

高校化学实验室是进行化学类科学实验、探索未知的科研场所，其安全运行关系到高校教学、科研工作的正常开展，对整个高校的安全和稳定至关重要。高校化学实验室具有以下特点。

(1) 化学品种类多、性质杂。化学品是指由各种化学元素组成的化合物及其混合物，包括天然的和人造的。其中易燃易爆、有毒、有腐蚀性，可对人员、设施、环境造成伤害或损害的化学品属于危险化学品。由于化学类教学项目和科研课题繁多，对应的化学实验内容也不同，故而实验过程中使用的化学品种类繁多、性质各异。

(2) 化学实验反应条件严格、安全风险高。化学实验室中除了消防及水电安全外，因自身特性而不可避免地涉及高温、低温、高压、有毒、真空及辐射等多种危险因素，极易引发安全事故，对实验人员操作技能要求较高。

(3) 化学废弃物量大、处理难度大。化学实验室每天都会产生一定量的化学废弃物，如果处理不当会造成环境污染甚至发生危险。

(4) 人员流动性大。一方面，化学实验室不仅面向化学专业的学生，而且高校内有化学类必修课程的相关专业学生都需要进入实验室进行学习；另一方面，随着高校招生及实验室规模的不断扩大，学生自主实验、创新实验的激增，使得实验室的流动性、开放性增强。

教学课件 1.2

1.2 高校化学实验室安全

警钟长鸣！盘点国内外高校实验室事故

高校实验室常见事故及比例

对于高校化学专业的教师和学生来说，自身的工作和学习是与化学实验室密不可分的。然而近年来，高校实验室危险事故频发，常发生的就有火灾事故、爆炸事故、中毒事故、实验室漏水事故、触电事故和环境污染事故等，安全问题不容忽视。高校化学实验室人员集中且流动性大、使用频繁，实验室中储存着种类繁多的化学药品，如易燃易爆药品、腐蚀性及剧毒药品等，还有诸多大型用电用水仪器，倘若实验人员操作不规范、不细心，则会给实验室带来很大的安全隐患。

然而，我们总会不时听到有些师生说“我才是最懂化学的”，老师觉得“这些我都知道”，学生觉得“我做了很多次都没事”。真的都知道吗？这一次真的也会没事吗？我们对不断涌现的新物质的危险性是未知的，而对已知危险性的物质如果没有采取有效的控制手段则如同未知。即使同样的原料与工艺，实验环境和人的状态也会有差别。金属毒理专家卡伦·维特豪恩教授就是因为在实验时错戴了没有防护效果的乳胶手套，让两滴高毒性有机汞穿透手套导致中毒，去世时年仅48岁。她一定知道有机汞的危害，但却倒在了自己的实验室。

高校实验室安全的关键还是大家的安全观问题，很多实验室人员往往对技术环节比较精通，但对实验室的规范管理和应该承担的安全责任大多疏忽，安全意识淡薄、安全行为缺失。有安全知识和安全意识才能感知危险。隐患之所以是隐患，就是因为其存在隐蔽性。没有安全知识，我们很难预测一些危险；有安全知识，但没有安全意识，也仍然无法避免事故的发生。著名的海恩里希法则告诉我们：在每发生的330起意外事件中，有300件未产生人员伤害，29件造成人员轻伤，1件导致重伤或死亡。在高校实验室也有较多没有产生人员伤害、经济损失比较小的安全事件，它们揭示了在实验室安全管理控制方面存在的漏洞，是实验室安全教育中不可或缺的重要案例。通过事故分析，找到风险控制措施中的漏洞，从而进一步完善实验控制和安全管理控制，也会对事先风险分析中没有预知的部分加深学习。正确地分析事故原因，进一步完善控制措施，能使他人不再重蹈覆辙。下面列出一些高校实验室安全事故案例，并作针对性的原因分析。

高校及研究所实验室安全事故案例

事故案例:2018 年 12 月 26 日，北京某高校东校区 2 号楼一实验室在学生进行垃圾渗滤液污水处理科研实验期间发生爆炸，事故造成 3 名参与实验的学生死亡。

北京某高校实验室爆炸事故

事故原因：实验室堆放了大量的易燃易爆化学品（有 30 桶镁粉、6 桶催化剂）。

事故案例：2017 年 3 月 27 日，上海某高校实验室发生爆炸事故，现场 1 名学生的手被炸伤。

事故原因：该学生在处理一个约 100 mL 的反应釜的过程中，反应釜发生爆炸，导致左手大面积创伤，右臂贯穿伤。

上海某高校实验室爆炸事故

事故案例：2016 年 9 月 21 日，上海某高校化学化工与生物工程学院一实验室发生爆炸，导致两名学生灼伤头部、面部和眼睛。

事故原因：实验爆燃致化学试剂（高锰酸钾等）灼伤头部、面部和眼睛。

上海某高校实验室爆炸事故

2016 年 1 月 10 日，北京某高校科技大厦一实验室冰箱起火。现场有明火，并伴随黑烟。冰箱内存有有机化学试剂。

事故原因：起火系冰箱电线短路引发自燃所致。

2015 年 12 月 18 日，北京某高校化学系一间实验室发生爆炸火灾事故，1 名正在做实验的博士后当场死亡。

事故原因：实验所用氢气瓶意外爆炸、起火。

2015 年 4 月 5 日，江苏徐州某高校化工学院实验室发生爆燃事故，造成 1 人死亡，4 人受伤。伤者中 1 人被截肢，3 人耳膜穿孔。

事故原因：1 名教师在实验过程中操作不慎引发瓦斯爆炸。

2015 年 2 月 2 日，江苏南京某高校新化楼 5 楼实验室失火，过火面积约 20 m^2，燃烧物质为 5 楼实验室的反应装置（含导热油）和楼顶的排烟设备。

事故原因：实验的配比出现错误导致失火。

2013 年 4 月 30 日，某高校的一处废弃化工试验场发生爆炸事故，引发房屋坍塌，造成 1 人死亡，3 人受伤。

事故原因：爆炸系因外来施工人员私自撬开实验室大门，用明火切割的方式盗拆金属构件而引起。

2012 年 3 月 17 日，广州某高校 1 名学生在生物催化实验室做实验时引起火灾，实验室仪器突然发生爆炸，瞬间冒出巨大浓烟，所幸未造成人员伤亡。整栋楼弥漫着一股刺鼻的焦味，实为有毒气体。实验室窗上的玻璃完全破碎，门口、窗口的墙壁多处被烧黑，损害的程度比较严重。

事故原因：初步判定为受天气潮湿影响，实验室仪器不能正常工作，进而引发火灾。

某高校甲醛泄漏事故

2012 年 2 月 15 日，江苏南京某高校实验室发生甲醛泄漏。事故中，不少学生出现喉咙痛、流眼泪、感觉不适等症状。实验室飘出白色气体，师生被紧急疏散。

事故原因：老师做实验中途违规离开导致甲醛泄漏。

实验仪器突发爆炸事故

2011 年 12 月 7 日，天津某高校一名博士生在做化学实验时发生了意外，手部严重受伤。实验台上一片狼藉，阳台、地板上散落着被爆炸震碎的玻璃。

事故原因：从爆炸的程度推断，该博士生当时可能正在做高压化学实验。

2011 年 11 月 17 日，广州某高校实验楼 1 楼有机化学实验室忽然起火，大火蔓延至实验室 2 楼和 3 楼，顶楼发电机也被波及。实验室内大量化学用品被点燃，散发大量有毒气体。发现火势后，值班保安和老师紧急报警，随后约 8 辆消防车到场将大火扑灭。据悉，着火实验室过火面积达 30 m^2，所幸事故未造成人员伤亡。

事故原因：初步怀疑为化学药品反应或电线短路。

2011 年 3 月 31 日，山东青岛某高校内的化学实验楼 1 楼的一间实验室突然着火。大火很快将里面的仪器烧毁，并从破损的门窗处喷出，蔓延到楼上房间。5 辆消防车扑救半小时才将大火扑灭。

事故原因：实验仪器夜间未断电导致起火。

2010 年 6 月 21 日，浙江宁波某高校实验室发生大火。

事故原因：两名学生用电磁炉熔化石蜡时离开，导致正在加热的实验无人值守，随即发生了火灾。

2010 年 6 月 9 日，由于做实验时发生差错，中国科学院某研究所一实验室发生爆炸，导致附近部分居民家玻璃被震碎，所幸没有造成人员伤亡。

事故原因：化学品过氧化氢发生爆炸。

上述案例用血的教训警示我们，实验室中的任何一个隐患、任何一个小小的疏忽，都有可能酿成严重事故，造成难以估量的损失。严格按照实验规范进行操作，严格检查任何可能发生事故的地方，是每个人都应尽的义务，也是我们的责任。只有在安全的基础上，才能使实验室的诸多工作得以顺利进行。

从一定角度讲，搞好实验室安全管理，不应该只看成是某个学科实验室的安全问题，或者某个高校的实验室安全问题，而应看成是高等教育质量的问题、从事科学研究的风险问题，它的存在是必然的。因此，树立实验室安全意识，了解实验安全知识，完善个人实验操作，以及掌握事故发生时的救护方法和逃生要领是十分必要的。

教学课件 1.3

1.3　新形势下国内高校实验室安全教育的发展趋势

化学实验室安全教育教材

1.3.1　实验室安全教育由从属、次要的地位快速上升为独立开设的课程

高等学校对学生的安全教育最初主要分布在各门实验课前及每个实验项目中。一般教师会在一门实验课或每个实验开始前讲解实验安全注意事项及实验操作要领等，往往没有专门的实验室安全教育课程与教材。而随着实验室安全问题日益凸显，部分高校把安全教育纳入学校常规教学体系(必修课或选修课)，成为实验室准入的一个必要环节。有关高等学校实验室安全、专门讲授高等学校化学实验室安全教育方面的教材也逐渐增多。

1.3.2　探索树立大学生全面安全素质和观念的安全教育培养模式

首先，创新高校实验室安全教育体系要体现层次化。安全教育分为三个层次，即通识教育、准入教育、专项教育。其次，教育内容要体现模块化。根据不同学科、专业、年级，给学生“量身定做”教育内容。通过课堂理论授课结合实验室实际演练的教学方法，直观地向学生展示实验安全的注意事项及事故应对措施，强化在校大学生的安全意识和观念，探索符合不同院校特色的大学生实验与实践安全教育课程的教学模式。同时，要注重与国内外科研机构和高校的调研交流，借鉴国外高校在实验安全教育中积累的成功经验，不断探索并完善树立大学生全面安全素质和观念的安全教育培养模式。第三，教育队伍要体现专业化。教育队伍要分不同层次和类型，既有校级安全专家，也有各专业和实验室负责人，同时还有“学生安全员”。

1.3.3　构建并推广完整而系统的高校实验室安全教育培训和考核体系

采用创新化课堂教学内容、信息化课程教育和考核系统的实验室安全教育，

把加强高校实验室安全教育的特色作为课程基础，把打破传统的信息化安全教育和考核模式作为课程重点，能够同时完成多个大学生的网上学习和在线考试等任务，是大学生实验室安全教育考试平台，也是高校本科生、硕士生和博士生在进入实验室之前的培训平台和考试平台，还是实验室安全准入制度得以建立的前提依托。

1.3.4 数字技术的应用

将互联网、虚拟现实、增强虚拟现实和多媒体等数字技术引入大学生安全教育教学的研究，会对提高大学生安全教育水平、改善大学生安全教育教学环境、优化大学生安全教育教学过程产生深远的影响。现阶段 VR 技术在国内快速发展，但受限于当前硬件、平台的制约，模拟仿真的效果没有达到最佳；同时，相对于传统的安全教育教学与演习，模拟情景缺乏真实互动与直接的实践经验。但是随着 VR 和 AR 技术的不断发展，利用其不受时空限制的先天优势，可以对学生进行交互式、图文并茂的智能教学。强大的教学优势和巨大的潜力，使数字技术受到整个高校系统的重视和青睐，从而成为未来安全教育的一种全新的教学方式。可见，数字技术在大学生安全教育教学领域势必得到广泛应用，并发挥重要作用。

教学课件 1.4

1.4 化学实验室危险化学品安全管理相关法律法规和标准

《全球化学品统一分类和标签制度》(GHS) 是由联合国发布的指导各国控制化学品危害、保护人类和环境的统一分类制度文件。我国正逐步建立、完善 GHS 国家协调机制，制定、修订了相关的法律、法规和标准。

1.4.1 危险化学品安全管理相关法律法规

(1)《中华人民共和国安全生产法》由中华人民共和国第九届全国人民代表大会常务委员会第 28 次会议于 2002 年 6 月 29 日通过，并以第七十号主席令的形式公布，自 2002 年 11 月 1 日起施行。《中华人民共和国安全生产法》是我国第一部规范安全生产的综合性基础法律，对于加强我国的安全生产工作具有重要意义。

(2)《危险化学品安全管理条例》于 2002 年 1 月 26 日以国务院第 344 号令的形式公布，自 2002 年 3 月 15 日起施行。该条例对加强危险化学品的管理、保障人民生命财产安全、保护环境起到了重要作用。2011 年 2 月 16 日，国务院第 144 次常务会议修订通过《危险化学品安全管理条例》，明确了在危险化学品的生产、储存、使用、经营、运输过程中实施安全监督管理的相关部门的职责；对危险化学品安全管理各个环节的制度和措施，都作了相应的补充、修改和完善。

（3）《易制毒化学品管理条例》于 2005 年 8 月 26 日以国务院第 445 号令的形式公布，自 2005 年 11 月 1 日起施行。

（4）《生产安全事故报告和调查处理条例》于 2007 年 3 月 28 日以国务院第 493 号令的形式公布，自 2007 年 6 月 1 日起施行。

（5）《危险化学品登记管理办法》于 2012 年 7 月 1 日以国家安全生产监督管理总局第 53 号令的形式公布，自 2012 年 8 月 1 日起施行。

1.4.2　危险化学品安全管理主要标准

1）危险化学品鉴别和分类的国标

《危险货物分类和品名编号》（GB 6944—2012）

《化学品分类和危险性公示　通则》（GB 13690—2009）

2）危险化学品名录

《危险货物品名表》（GB 12268—2012）

《危险化学品名录》（2015 版）

《剧毒化学品名录》（2015 版）

《危险货物命名原则 》（GB/T 7694—2008）

3）危险货物运输、包装的国标

《危险货物包装标志》（GB 190—2009）

《危险货物运输包装通用技术条件》（GB 12463—2009）

《危险货物运输包装类别划分方法》（GB/T 15098—2008）

《道路运输危险货物车辆标志》（GB 13392—2005）

4）“一书一签”的国标

《化学品安全技术说明书　内容和项目顺序》（GB/T 16483—2008）

《化学品安全标签编写规定》（GB 15258—2009）

5）危险化学品储存、经营的国标

《常用危险化学品贮存通则》（GB 15603—1995）

《危险化学品企业经营开业条件和技术要求》（GB 18265—2000）

6）重大危险源的国标

《危险化学品重大危险源辨识》（GB 18218—2018）

7) 有毒化学品的国标

《职业性接触毒物危害程度分级》(GBZ 230—2010)

《剧毒化学品名录》(2015 版)

思考题

(1)高校化学实验室有哪些特点?

(2)我国哪年颁布的《危险化学品安全管理条例》?

(3)有关危险化学品鉴别和分类的国家标准有哪些?

第 2 章

危险化学品使用安全

随着高等教育大众化趋势显现，在高校化学实验室进行实验教学、科学研究的师生人数越来越多。此外，高校专业设置的多样化及研究领域的拓宽，也令实验中使用的危险化学品种类和数量逐年增加。这种情形下，一旦对危险化学品管理、使用不当，则很有可能会导致安全事故的发生。因此，本章将系统介绍危险化学品的特性、分类、标识及其管理和使用注意事项等相关知识。

教学课件 2.1

2.1　危险化学品概述

2.1.1　化学品及危险化学品的概念

1) 化学品定义

化学品是指由各种化学元素组成的化合物及混合物，包括天然的化学品和人造的化学品。

2) 危险化学品定义

危险化学品是指具有易燃易爆、毒害、腐蚀及放射性等危险特性，在生产、储存、运输、使用和废弃物处置等过程中容易造成人身伤亡、财产损毁、环境污染而需要特别防护的化学品。

2.1.2　危险化学品的危险特性

危险化学品的危险特性主要可归纳为以下 6 个方面。

1) 活性与危险性

许多具有爆炸特性的物质活性都很强，活性越强的物质，其危险性就越大。

2) 燃烧性

压缩气体和液化气体、易燃液体、易燃固体、自燃物品和遇湿易燃物品、氧化剂和有机过氧化物等均可能发生燃烧，进而导致火灾事故。

3) 爆炸性

除了爆炸品之外，压缩气体和液化气体、易燃液体、易燃固体、自燃物品和遇湿易燃物品、氧化剂和有机过氧化物等都有可能引发爆炸。

4) 毒性

除毒害品和感染性物品之外，压缩气体和液化气体、易燃液体、易燃固体中的一些物质也会使人中毒。

5) 腐蚀性

除了腐蚀性物品之外，爆炸品、易燃液体、氧化剂和有机过氧化物等都具有不同程度的腐蚀性。

6) 放射性

放射性危险化学品可以通过内照射或外照射的方式对人体产生不同程度的放射性伤害。

教学课件 2.2

2.2 危险化学品的危害

危险化学品的燃烧性、爆炸性、毒性、腐蚀性等特性，决定了它产生的危害很大。危险化学品的危害主要可归纳为燃爆危害、健康危害和环境危害。

2.2.1 危险化学品的燃爆危害

燃爆危害是指化学品能够引起燃烧、爆炸的危险，绝大部分危险化学品都具有易燃易爆的性质。在生产、储存、使用、经营及运输中的危险化学品，往往处于温度、压力的特殊状态(如高温或低温、高压或低压等)，如果操作与管理不当失去控制，一旦发生火灾、爆炸事故，会造成严重后果和巨大损失。

火灾与爆炸都会带来重大的破坏和人员伤亡，但两者的发展程度明显不同。火灾是在起火后火势逐渐蔓延扩大，随着时间的延续，损失数量迅速增长，损失大约与时间的平方成正比，如火灾时间延长一倍，损失可能增加到四倍。爆炸的发生则令人猝不及防，可能仅在 1 s 内爆炸过程已经结束，设备损坏、厂房坍塌、人员伤亡也在瞬间发生。爆炸通常伴有发热、发光、压力上升、真空和电离等现象，具有极强的破坏性。

2.2.2　危险化学品的健康危害

有毒化学品，不论是脂溶性的还是水溶性的，都有进入人体和损坏人体正常功能的能力。这些化学物质经一种或多种途径进入人体并达到一定量时，便会引起人体结构的损伤——从轻微的皮疹到一些急、慢性伤害甚至癌症，因此了解其对人体危害的基本知识及预防措施，对于保护人身安全、防止中毒事故的发生具有十分重要的意义。

毒物进入人体途径

1) 有毒化学品的形态

在一般条件下，有毒化学品常以一定的物理形态（即固体、液体或气体）存在，但其在经历不同的加工和生产过程后，可能会呈现以下 5 种状态。

(1) 粉尘。

粉尘为漂浮于空气中的固体颗粒，直径大于 0.1μm，大多在机械粉碎、研磨固体等物质时形成。

(2) 烟尘。

烟尘又称烟雾或烟气，为悬浮在空气中的固体微粒，直径小于 0.1μm，多为某些金属熔化时产生的蒸气在空气中氧化凝聚而成，如熔铜时产生的氧化锌烟尘、熔镉时产生的氧化镉烟尘、电焊时产生的电焊烟尘等。

(3) 雾。

雾为悬浮于空气中的液体微滴，多为蒸气冷凝或液体喷散而形成，如喷洒农药和喷漆时所形成的雾滴、镀铬和蓄电池充电时逸出的铬酸雾和硫酸雾等。

(4) 蒸气。

蒸气为液体蒸发或固体物质升华而形成的，如汞蒸气、苯蒸气等。

(5) 气体。

气体为在生产场所的温度、气压条件下散发于空气中的气态物质，如氯、溴、氨、一氧化碳、甲烷等。

2) 有毒化学品进入人体的途径

如前文所述，有毒化学品，不论是脂溶性的还是水溶性的，经一种或多种途径进入人体并达到一定量时就能危害人体健康，因此预防中毒的重要措施就是切断有毒化学品进入人体的途径。常见的有毒化学品侵入人体的途径有以下 3 种。

GHS 制度化学品健康危害

(1) 经呼吸道侵入。

呼吸道是中毒物进入人体内的最重要的途径之一。凡是以气体、蒸气、烟尘、雾、粉尘形式存在的毒物，均可经呼吸道进入人体内。人的肺脏由亿万个肺泡组成，肺泡壁很薄，壁上有丰富的毛细血管，毒物一旦进入肺脏，很快就会通过肺泡进入血液循环而被运送至全身。毒物经呼吸道侵入最重要的影响因素是毒物在空气中的浓度——浓度越高，吸收越快。

(2) 经皮肤侵入。

脂溶性毒物，如苯胺、丙烯腈等，可以通过人体完整的皮肤，经毛囊空间到达皮脂腺及腺体细胞而被吸收，一小部分则通过汗腺进入人体。毒物经皮肤侵入人体的这一途径不经肝脏转化，直接进入血液系统而散布全身，危险性也较大。

(3) 经消化道侵入。

毒物经消化道吸收多半是由个人卫生习惯不好和安全意识过于淡薄引起的，如手沾染了毒物后随意进食、饮水或吸烟等，使毒物进入消化道。进入消化道的毒性物质主要被胃和肠道吸收。胃肠道的酸碱度是影响毒物吸收的重要因素。

3) 有毒化学品对人体的危害

(1) 刺激及过敏。

有毒化学品的健康危害

① 皮肤。当某些化学品接触皮肤时，可使皮肤保护层脱落，引起皮肤干燥、粗糙、疼痛，这种情况又被称作皮炎。

② 眼睛。化学品接触眼部，轻可导致眼睛轻微的、暂时性的不适，重可导致眼睛永久性的伤残，伤害严重程度取决于中毒的剂量及采取急救措施的快慢。

③ 呼吸系统。雾状、气态、蒸气化学刺激物接触上呼吸系统（鼻和咽喉）时，会导致灼伤感，这一般是由易被鼻咽部湿润的表面所吸收的可溶物引起的，如甲醛、酸、碱等。

(2) 缺氧。

① 单纯窒息。这种情况的发生是由于周围氧气被其他气体（如氮气、二氧化碳、乙烷等）代替而使氧气量不足以维持生命的持续所致。一般情况下，空气中含氧量为21%。如果空气中氧浓度降到17%以下，机体组织的供氧不足，就会引起头晕、恶心、调节功能紊乱等症状。

② 血液窒息。这种情况的发生是由于化学物质直接影响了机体传送氧的能力。典型的血液窒息性物质就是一氧化碳。空气中的一氧化碳达到0.05%（体积分数）时就会导致血液携带氧的能力严重下降。

③ 细胞内窒息。这种情况的发生是由于化学物质直接影响了机体和氧的结合能力。如氰化氢、硫化氢等物质影响细胞和氧的结合能力，尽管血液中含氧充足，但已不能被细胞摄取和利用。

(3) 昏迷和麻醉。

接触高浓度的某些化学品，如乙醇、丙醇、丙酮、丁酮、乙炔、乙醚、异丙醇等会导致中枢神经抑制。这些化学品有类似使人醉酒的作用，一次大量接触可致人昏迷甚至死亡，也可能会使一些人沉醉于这种麻醉剂。

(4) 全身中毒。

全身中毒是指化学物质引起的对一个或多个系统产生有害影响并扩展到全身的现象，这种作用不限于身体的某一部位或某一区域。

(5) 致癌。

长期接触一定的化学物质可能引起细胞的无节制生长，形成癌性肿瘤。这些肿瘤可能在第一次接触这些物质以后许多年才表现出来，这一时期被称为潜伏期，一般为 4~40 年。如砷、石棉、铬、镍等物质可能导致肺癌；铬、镍、木材、皮革粉尘等物质可能导致鼻腔癌和鼻窦癌等。

(6) 致畸。

接触化学物质可能对未出生的胎儿造成伤害，干扰胎儿正常发育。整个孕期的前三个月，正是胎儿的脑、心脏、胳膊和腿等重要器官的发育期，一些研究表明，化学物质(如麻醉性气体、汞和有机溶剂等)会干扰正常的细胞分裂过程，从而导致胎儿畸形。

(7) 致突变。

某些化学品会对人的遗传基因产生影响，可能导致其后代发生异常，主要表现是人体细胞核内构成染色体的脱氧核糖核酸(DNA)在一定条件下发生突变性、根本性变异，可导致不孕不育、早产、畸胎等。实验结果表明，80%~85%的致突变化学物质对人的后代有影响。

2.2.3　危险化学品的环境危害

随着科技的发展，化学化工技术不断进步，新化学品也随之大量涌现。人们在使用各种化学品的同时，也产生了大量的化学废物，其中很多都是有毒有害的物质。由于一些化学化工相关工作人员的环保意识不强，或为了降低废液的处理成本，或仅仅为了贪图便利，便肆意向环境中排放有毒有害化学品，导致了严重的环境污染，对自然界中的生物造成了极大的危害。因此，正确认识化学品的污染危害，树立环保意识，最大限度地降低化学品污染已是亟待解决的重大问题。

1) 化学品进入环境的途径

化学品进入环境的途径非常广泛，一般发生在工业生产过程中及化学品储存、运输、使用等环节上。化学品进入环境的途径主要有以下 4 种。

(1) 事故排放：在生产、储存和运输过程中由于着火、爆炸、泄漏等突发性事故，致使大量有害化学品外泄进入环境。

(2) 生产废物排放：在工业生产、加工过程中，有毒有害化学品通过废气、废水和废渣等形式排放到环境中。

(3) 人为施用直接进入环境：如农药、化肥的施用等。

(4) 人类活动中废弃物的排放：如在石油、煤炭等燃料燃烧过程中产生的废弃物进入环境。

2)有毒有害化学品对环境的危害

有毒有害化学品对环境的危害(污染)具体表现在大气污染、水污染和土壤污染等方面。

(1) 对大气的危害。

① 破坏臭氧层。研究结果表明，含氯化学物质，特别是氯氟烃进入大气会破坏同温层的臭氧。另外，一氧化二氮、甲烷等对臭氧也有破坏作用。臭氧可以减少太阳紫外线对地表的辐射，因此臭氧减少会导致地面接收的紫外线辐射量增加，从而使皮肤癌和白内障的发病率大大增加。

② 导致温室效应。温室效应的影响主要是全球变暖和海平面上升。大气层中的某些微量组分能使太阳的短波辐射透过而加热地面，地面升温后所放出的热辐射会被这些组分吸收，使大气升温，这种现象称温室效应。这些能使地球大气升温的微量组分被称为温室气体。主要的温室气体有二氧化碳、甲烷、一氧化二氮、氯氟烷烃等，其中二氧化碳的增加是造成全球变暖的主要因素。

③ 引起酸雨。通过工厂及汽车尾气等被大量排放到空气中的硫氧化物和氮氧化物遇水蒸气可形成酸雨，对动物、植物、建筑物及人类等均会产生严重危害。

④ 形成光化学烟雾。光化学烟雾可对动植物及人类的健康造成极大的威胁。

(2) 对土壤的危害。

大量化学废物进入土壤，可导致土壤酸化、碱化和板结。当土壤中有毒有害化学品过多，超过土壤的自净能力时，就会导致土壤的组成、结构和功能发生变化，微生物活动受到抑制，有害物质或其分解产物在土壤中逐渐积累，通过“土壤→植物→人体”，或通过“土壤→水→人体”间接被人体吸收，从而对人体健康造成危害。

(3) 对水体的危害。

水体中的污染物主要有4类：无机无毒物、无机有毒物、有机无毒物和有机有毒物。其对水体的危害体现在以下几个方面。

① 植物营养物污染的危害。含氮、磷及其他有机物的生活污水、工业废水排入水体，使水中养分过多，藻类大量繁殖，海水变红，称为“赤潮”。由于其会造成水中溶解氧的急剧减少，严重影响了鱼类生存。

② 重金属、农药、挥发酚类、氰化物、砷化合物等污染物可在水中生物体内富集，造成其生病、死亡，破坏生态环境。

③ 石油类污染可导致鱼类等水生生物死亡，还可引起水上火灾。

2.3　危险化学品的分类

教学课件 2.3

目前，危险化学品种类繁多、性质各异，通常一种危险化学品可能会具有多种危险性。例如，二硝基苯酚既有爆炸性、易燃性，又有毒害性；一氧化碳既有易燃性，又有毒害性。在对危险化学品进行分类时，应遵循“择重归类”的原则，即根据该危险化学品的主要危险性来进行分类。

目前，国际通用的危险化学品分类标准有两个：一是联合国《关于危险货物运输的建议书》(TDG) 规定了 9 类危险化学品的鉴别指标；二是“化学品分类与标记全球协调制度”(GHS)。GHS 制度包括两方面内容：对化学品危害性的统一分类和对化学品危害信息的统一公示。它规定了 28 类危险化学品的鉴别指标和测定方法。

根据不同的分类方法，我国有很多种危险化学品的分类标准。

在 2010 年 5 月 1 日实施的《化学品分类和危险性公示 通则》(GB 13690—2009) 中，理化危险类条目下分为 16 类，健康危险类条目下分为 10 类，环境危险类条目下分为 7 类。

在 2012 年 12 月实施的《危险货物分类和品名编号》(GB 6944—2012) 中危险化学品分为 9 类。

在 2013 年 10 月实施的《化学品分类和标签规范》(GB 30000—2013) 中，化学品危险性条目下分为 28 类。

危险货物分类和品名编号

为了便于教学，本章分类方法参考《危险货物分类和品名编号》(GB 6944—2012) 进行分类，主要分为以下 9 类。

第 1 类：爆炸品；

第 2 类：气体；

第 3 类：易燃液体；

第 4 类：易燃固体、易于自燃的物质和遇水放出易燃气体的物质；

第 5 类：氧化性物质和有机过氧化物；

第 6 类：毒性物质和感染性物质；

第 7 类：放射性物质；

第 8 类：腐蚀性物质；

第 9 类：杂项危险物质和物品，包括危害环境物质。

感染性物质不属于危险化学品，归为危险生物品类；杂项危险物质和物品是指在运输过程中呈现的危险性质不包含在前 8 类危险性中的物品，本章不作介绍。

教学课件 2.3.1

2.3.1 爆炸品

1) 爆炸品的定义

爆炸品是指在外界作用下（如受热、受压、撞击等），能发生剧烈的化学反应，瞬间产生大量的气体和热量，使周围压力急剧上升，发生爆炸，对周围环境造成破坏的物品，也包括无整体爆炸危险，但具有着火、抛射及较小爆炸危险，或仅产生热、光、声响或烟雾等一种或几种作用的烟火物品。爆炸品不包括与空气混合才能形成爆炸的气体、蒸气和粉尘物质。

2) 爆炸品的分类

《危险货物分类和品名编号》（GB 6944—2012）按爆炸危险性大小把爆炸品分为 6 项。

（1）有整体爆炸危险的物质和物品。整体爆炸是指瞬间即迅速传播到几乎全部装入药量的爆炸，如二硝基重氮酚、雷汞、雷银等起爆药，梯恩梯（TNT）、黑索金、苦味酸、硝化甘油等猛炸药，硝化棉、无烟火药、浆状火药等火药，黑火药及其制品等。

（2）有迸射危险，但无整体爆炸危险的物质和物品。如带有炸药或抛射药的火箭弹头，装有炸药的炸弹、弹丸、穿甲弹，非水活化的带有或不带有爆炸管、抛射药或发射药的照明弹、燃烧弹、催泪弹、毒气弹，以及摄影闪光弹、闪光粉、地面或空中照明弹，不带雷管的民用炸药、民用火箭等。

（3）有燃烧危险和较小爆炸或较小抛射危险，或两者兼有，但无整体爆炸危险的物质和物品，如速燃点火索、点火管、点火引信、二硝基苯、苦味酸等。

（4）不呈现重大爆炸危险的物质和物品。爆炸危险性较小，万一被点燃或引爆，其危险作用大部分局限在包装件内部，而对包装件外部无重大危险的物质和物品，如导火索、手持信号器、电缆爆炸切割器、爆炸性铁路轨道信号器、火柜信号、烟花爆竹等。

（5）有整体爆炸危险但极不敏感的物质。爆炸性质比较稳定，在燃烧试验中不会爆炸的物质，如 B 型爆破用炸药、E 型爆破用炸药、铵油炸药等。

（6）没有整体爆炸危险的极不敏感的物品。爆炸危险性仅限于单个物品爆炸的物品。

3) 爆炸品的化学结构与危险性

分析各种爆炸事故发生的原因可知，任何一起爆炸的发生，无论其起因如何，不外乎内因和外因两方面相互作用的结果。外因是由摩擦、撞击、挤压、震动、高温、冰冻、潮湿等诸多环境因素所控制；而内因则由发生爆炸的危险化合物分子结构，特别是其分子中含有的特种基团的性质决定。

（1）带有爆炸性基团的化学结构。

化合物性质由其分子结构决定。对不同结构类别的化学物进行分析发现，具有某些特定基团的化合物易发生爆炸危险，这些特定基团被称为爆炸性基团。具有爆炸性基团的化学结构如表 2-1 所列。

表 2-1　具有爆炸性基团的化学结构

爆炸性基团	物类	爆炸化合物
C ≡ C	乙炔类化合物	乙炔银、乙炔汞
N ≡ N	叠氮化合物	叠氮化铅、叠氮化钠
N ≡ C	雷酸盐类化合物	雷酸汞、雷酸银
O—Cl	氯酸或过氯酸化合物	氯酸钾、高氯酸铵
$R—NO_2$	硝基化合物	三硝基甲苯、三硝基苯酚
C—N=O	亚硝基化合物	亚硝基酚、亚硝基乙醚
$R—ONO_2$	硝酸酯类	硝化甘油、硝化棉
O—O	臭氧、过氧化物	臭氧、过氧化钠
N—X	氮的卤化物	氯化氮、溴化氮

（2）形成过氧化物的化学结构。

置于空气中能与氧发生反应，形成不稳定或爆炸性的有机过氧化合物，其结构特点主要是具有弱的 C—H 键及易引起附加聚合的双键。

4) 爆炸品的危险特性

（1）爆炸性强。

爆炸品都具有化学不稳定性，在一定的外因作用下，能以极快的速度发生猛烈的化学反应，产生的大量气体和热量在短时间内无法散去，致使周围的温度迅速升高并产生巨大的压力而引起爆炸。

（2）敏感度高。

不同的爆炸品所需的起爆能不同，某一爆炸品所需的最小起爆能，即该爆炸品的敏感度(简称感度)。起爆能与敏感度成反比，起爆能越小，敏感度越高。

(3) 破坏性强。

爆炸品一旦发生爆炸，爆炸中心的高温、高压气体产物会迅速向外膨胀，剧烈地冲击、压缩周围的空气，使其压力、密度、温度突然升高，形成很强的空气冲击波并迅速向外传播。冲击波在传播的过程中有很大破坏力，会使周围建筑物遭到破坏、人员遭受伤害。

(4) 自燃危险性。

一些爆炸品在一定温度下可不用火源的作用自行着火或爆炸，如双基火药长时间堆放在一起时，由于火药的缓慢热分解放出的热量及产生的二氧化氮气体不能及时散发出去，火药内部就会产生热积累，当达到其自燃点时就会自行着火或爆炸。

(5)着火危险性。

大多数爆炸品是易燃物质。

(6)毒害性。

很多爆炸品爆炸时能产生一氧化碳、二氧化碳、一氧化氮、氰气等有毒或窒息性气体，可从呼吸道、食道甚至皮肤等进入人体内，导致中毒。

5) 典型易爆化合物及其性质

(1) 硝化甘油。

① 性质：黄色油状黏稠液体，可因震动而爆炸；不溶于水，易溶于乙醚、丙酮等。

② 危害：受暴冷、暴热、撞击、摩擦、遇明火、高热时均有引起爆炸的危险；与强酸接触能发生强烈反应，引起燃烧或爆炸；少量吸入即可引起剧烈的搏动性头痛，大量吸入产生低血压、抑郁、精神错乱等。

③ 安全要求：储存于阴凉、干燥、通风的专用爆炸品库房；远离火种、热源；与氧化剂、活性金属粉末、酸类、食用化学品分开存放，切忌混储。灭火时必须戴好防毒面具，在安全距离以外，在上风向灭火；灭火剂可选雾状水、泡沫等，禁止用沙土压盖。

(2) 三硝基甲苯。

① 性质：白色或苋色淡黄色针状结晶，无臭，有吸湿性，炸药的常用成分。

② 危害：较为安全的炸药，能耐受撞击和摩擦，但任何量突然受热都能引起爆炸；中等毒性，主要危害是慢性中毒，表现为中毒性胃炎、肝炎、贫血、白内障。

③ 安全要求：工业时穿紧袖工作服，完工后彻底洗手并淋浴，可用含 10%亚

硫酸钾肥皂清洗；空气中浓度较高时，佩戴防毒面具；紧急事态抢救或逃生时，佩戴自给式呼吸器；灭火剂需用雾状水，禁止用沙土压盖。

2.3.2 气体

教学课件 2.3.2

高校实验室所用的实验气体，一般多为由专业生产商提供的商品化的、通常保存在钢瓶中的压缩气体，也有少量液化气体。实验气体根据种类的不同，存在易燃、有毒、腐蚀、氧化、窒息、低温等特性中的一种或多种。实验气体安全事故一旦发生，造成的事故危害往往非常严重。

1) 列入危险品管理的气体

列入危险品管理的气体主要包括压缩气体、液化气体、溶解气体和冷冻液化气体，也包括一种或多种气体与一种或多种其他类别物质的蒸气混合物、充有气体的物品和气雾剂。

（1）压缩气体：指在-50℃下加压包装供运输时完全是气态的气体，包括临界温度低于或等于-50℃的所有气体。

（2）液化气体：指在温度高于-50℃下加压包装供运输时部分是液态的气体，可分为高压液化气体（临界温度在-50℃～65℃之间的气体）和低压液化气体（临界温度高于65℃的气体）。

（3）溶解气体：指加压包装供运输时溶解于液相溶剂中的气体。

（4）冷冻液化气体：指包装供运输时由于其温度低而部分呈液态的气体。

2) 气体的分类

在实验室，气体按照其危险性可分为 3 类。

（1）易燃气体。

易燃气体是指在 20℃和 101.3 kPa 条件下，爆炸下限小于或等于 13%的气体，或不论其爆炸性下限，其爆炸极限（燃烧范围）大于或等于 12%的气体，如压缩或液化的氢气、乙炔气、一氧化碳、甲烷、环氧乙烷、液化石油气等。

（2）非易燃无毒气体。

非易燃无毒气体是指温度在 20℃时，蒸气压力不低于 200 kPa，并且经液化或冷冻液化的不燃、无毒的气体，包括窒息性气体、氧化性气体及不属于其他项别的气体，如氧气、压缩空气、二氧化碳、氮气、氖气、氩气等。值得注意的是，此类气体虽然不易燃、无毒性，但由于处于压力状态下，仍具有潜在的爆裂危险，因此其危险性仍不容忽视。

（3）毒性气体。

毒性气体是指其毒性或腐蚀性对人类健康造成危害的气体，或者急性半数致

死浓度 LC_{50} 值小于或等于5000 mL/m^{3}的毒性或腐蚀性气体。如氟气、氯气等有毒氧化性气体，氨气、无水溴化氢、磷化氢、砷化氢、溴甲烷等有毒易燃气体均属此项。

3) 气体的危险特性

(1) 易燃易爆性。

可燃气体的主要危险性是易燃易爆性。所有处于燃烧浓度范围之内的可燃气体，遇火源都可能发生着火或爆炸，有的可燃气体在极微小能量着火源的作用下即可被引爆。

(2) 扩散性。

处于气体状态的任何物质都没有固定的形状和体积，且能自发地充满任何容器。由于气体的分子间距大、相互作用小，非常容易扩散。

(3) 可缩性和膨胀性。

任何物体都有热胀冷缩的性质，气体也不例外，其体积也会因温度的升降而胀缩，且胀缩的幅度比液体要大得多。

(4) 带电性。

从静电产生的原理可知，任何物体的摩擦都会产生静电，氢气、乙烯、乙炔、天然气、液化石油气等压缩气体或液化气体从管口或破损处高速喷出时也同样能产生静电。产生静电的主要原因包括气体本身剧烈运动造成分子间的相互摩擦，气体中含有固体颗粒或液体杂质在压力下高速喷出时与喷嘴产生摩擦，等等。

(5) 腐蚀性、毒害性和窒息性。

腐蚀性是指一些含氢、硫元素的气体(如硫化氢、硫氧化碳、氨等)能腐蚀设备、削弱设备的耐压强度，严重时可导致调和系统裂隙、漏气，引起火灾等事故。而在压缩气体和液化气体中，除氧气和压缩空气外，大都具有一定的毒害性和窒息性。

(6) 氧化性。

氧化性气体主要包括两类：一类是明确列为不燃气体的，如氧气、压缩或液化空气、一氧化二氮等；另一类是列为有毒气体的，如氯气、氟气等。这些气体本身都不可燃，但氧化性很强，都是强氧化剂，与可燃气体混合时都能着火爆炸。

4) 实验室常见气体及其性质

(1) 氧气。

① 性质：氧气是一种无色、无味、无臭的永久性气体。氧气的化学性质特别活泼，能够与除贵重金属(金、银、铂等)及惰性气体以外的所有元素发生氧化反

应。在纯氧中氧化反应异常激烈，同时放出大量的热，产生高温。

② 实验室用途：主要做氧化剂，可用于焊接切割、火焰硬化、火焰去锈，在医疗应用和生命支持应用方面有很重要的用途。

③ 危害：氧气虽是人类赖以生存的物质，但当人长时间在高浓度氧环境中吸入纯氧时，会引起氧中毒，得富氧病。

④ 急救措施：液氧属于不燃液化气体，但可助燃，遇可燃物时，会引起燃烧、爆炸，发生火灾时，灭火剂应选水和二氧化碳。同时应用大量的水冷却液氧储罐，防止液氧装置的绝热层受到破坏而爆炸。液氧接触皮肤可引起严重灼伤，对细胞组织有严重破坏作用，急救处理方法为轻轻将冻伤面浸泡在冷水中解冻，不要摩擦表面，并请医生诊治。当发生液氧溢漏时，应关闭火源，切断泄漏。进入富氧场所，应避免产生火花，以免发生火灾。

(2) 氮气。

① 性质：常温常压下为无色、无味、无臭的气体。常温下，氮气的化学性质不活泼，但加热时，能与锂、镁、钨等元素化合，高温下能与氧、氢反应。

② 实验室用途：常用于实验的贵重仪器中作为保护气、洗涤气使用；同时，液氮作为一种低温源被广泛使用。

③ 危害：氮气虽然无毒、无味，但它是一种能使人或动物窒息的气体。人长期处于氮超过 82%(体积分数)的环境中，有发生缺氧窒息的危险；人处于氮超过 94%(体积分数)的环境中，会因为严重缺氧而在数分钟内死亡。

④ 急救措施：如人有窒息症状时，应将其移至空气新鲜处；如已停止呼吸，应进行嘴对嘴人工呼吸；如呼吸困难应及时输氧。如遇液氮灼伤，可参照液氧灼伤处理办法处置。

(3) 氩气。

① 性质：单原子惰性气体，常温常压下为无色、无味、无臭的气体。氩气的化学性质很不活泼，至今未发现其真正意义上的化合物。

② 实验室用途：利用氩气的惰性，在光谱及色谱仪器中做载气，在金属焊接切割操作中做保护性气体；也可以用于特殊金属的冶炼，氩气的吹炼和保护是提高钢材品质的重要途径；还可用于激光器和手术用止血喷枪。

③ 危害：氩气和氮气一样，属于窒息性气体，可导致人急速窒息。储存和使用氩气时，应有足够的通风。

④ 急救措施：如人有窒息症状时，应将其移至空气新鲜处；如已停止呼吸，应进行嘴对嘴人工呼吸；如呼吸困难应及时输氧。如遇液氩灼伤，可参照液氧灼伤处理办法处理。

（4）氢气。

① 性质：常温常压下为无色、无臭、无毒的易燃气体，与氟、氯、氧、一氧化碳及空气混合均有爆炸的危险。

② 实验室用途：主要作为反应气；可以和氧气进行焊接，金属焊接表面温度可达到 3800~4300K。用原子氢进行焊接的优点在于原子束能防止焊接部位被氧化，使焊接的地方不产生氧化波。

③ 危害：氢气虽无毒，在生理上对人体是惰性的，但若空气中氢气含量增高，会引起缺氧性窒息。与所有低温液体一样，直接接触液氢会导致冻伤。液氢外溢并突然大面积蒸发还会造成环境缺氧，并有可能和空气一起形成爆炸混合物，引发燃烧、爆炸事故。

④ 急救措施：如人有窒息症状时，应将其移至空气新鲜处；如已停止呼吸，应进行嘴对嘴人工呼吸；如呼吸困难应及时输氧。

（5）二氧化碳。

① 性质：二氧化碳在常温常压下是无色而略带刺鼻气味和微酸味的气体。在常温下其化学性质稳定，不会分解。但在高温下，它很容易分解成一氧化碳和氧，具有氧化性。二氧化碳具有一切酸性氧化物的化学性质，并能与碱性氧化物或碱发生化学反应。

② 实验室用途：在细胞培养中提供适宜的气体环境，作为惰性介质，用于金属保护焊、易燃易爆气体压力容器的置换处理及灭火等。

③ 危害：由于二氧化碳是一种无色、无臭的气体，密度大于空气，常常聚集于低凹之处。当二氧化碳浓度超过一定限量时，往往会不知不觉地使人、畜及其他动物中毒。其原理是高浓度的二氧化碳具有刺激和麻醉作用，会使机体发生缺氧窒息。

④ 急救措施：发现二氧化碳中毒患者时，应迅速使患者脱离中毒环境，将其送至空气新鲜处，解开患者衣服，辅以人工呼吸，使其尽快吸入氧气，必要时可用高压氧治疗。

2.3.3 易燃液体

教学课件 2.3.3

1）易燃液体的概念

易燃液体是指闪点不高于 60℃、在其闪点温度时放出易燃蒸气的液体或液体混合物。易燃液体多为有机化合物或混合物。

2）易燃液体的分类

易燃液体按其闪点和初沸点的高低分为以下 3 类。

(1) 低闪点液体。

低闪点液体指闪点低于-18℃或初沸点低于35℃的液体，如汽油、正戊烷、环戊烷、环戊烯、己烯异构体、乙醛、丙酮、醚、呋喃、甲胺或乙胺水溶液、二硫化碳等。

(2) 中闪点液体。

中闪点液体指闪点不低于-18℃且低于23℃的液体或液体混合物，如石油醚、原油、庚烷、辛烷、苯、甲醇、乙醇、噻吩、吡啶、塑料印油、照相红碘水、打字蜡纸改正液、打字机洗字水、香蕉水、显影液、印刷油墨、镜头水、封口胶等。

(3) 高闪点液体。

高闪点液体指闪点高于23℃且低于61℃的液体或液体混合物，如煤油、磺化煤油、壬烷、樟脑球、乳香油、松节油、松香水、刹车油、影印油墨、医用碘酒等。

3) 易燃液体的危险特性

(1) 高度易燃性。

易燃液体的燃烧是通过其挥发的蒸气与空气形成可燃混合物，达到一定的浓度后遇火源而实现的，实质上是液体蒸气与氧发生的氧化反应。

(2) 蒸气易爆炸。

由于易燃液体具有挥发性，挥发的蒸气易与空气形成爆炸性混合物，所以易燃液体存在爆炸的危险性；挥发性越强，爆炸的危险性就越大。不同液体的蒸发速度因温度、沸点、密度、压力的不同而发生变化。

(3) 受热膨胀性。

易燃液体和其他液体一样，也有受热膨胀性。储存于密闭容器中的易燃液体受热后，体积膨胀，蒸气压力增加，若超过容器的压力限度，就会造成容器膨胀，导致爆破。

(4) 流动扩散性。

易燃液体的黏度一般都很小，不仅本身极易流动，还因渗透、浸润及毛细现象等作用，即使容器只有极细微裂纹，也会渗出容器壁外，使空气中的易燃液体蒸气浓度增高，从而增加了燃烧、爆炸的危险性。

(5) 静电性。

多数易燃液体都是电介质，在灌注、输送、流动过程中能够产生静电，当静电积聚到一定程度时就会放电，引起着火或爆炸。

(6) 毒害性、腐蚀性。

绝大多数易燃液体及其蒸气都具有一定的毒性，会通过与皮肤的接触或呼吸进入人体，使人昏迷或窒息而死。有的易燃液体及蒸气还有刺激性和腐蚀性，能通过皮肤、呼吸道、消化道等途径刺激或灼伤皮肤、器官，造成机体组织的坏死。

4) 实验室常见易燃液体及其性质

(1) 甲醇。

① 性质：无色液体，有醇的气味，挥发性较强，能与水或有机溶剂混合，闪点12℃，自燃点436℃，爆炸极限6%~36.5%(体积分数)。

② 危险性：遇明火、高热及强氧化剂会发生燃烧、爆炸，对人体的神经系统和血液系统影响最大，经消化道、呼吸道或皮肤摄入都会产生毒性反应，甲醇蒸气能损害人的呼吸道黏膜和视力。

③ 安全要求：密闭置于阴凉通风处，保持容器密封，远离明火、热源及氧化剂；如入目应立即用大量水冲洗15 min。甲醇发生火灾，一般采用干粉灭火器、泡沫灭火器、二氧化碳灭火器、沙土灭火。

(2) 乙醚。

① 性质：无色易挥发液体，有特殊气味，不溶于水，易溶于有机溶剂，闪点-45℃，自燃点160℃，爆炸极限1.9%~36%(体积分数)。

② 危险性：遇明火、高热及氧化剂易燃易爆，在空气中易形成过氧化合物，危险性更大，极易爆炸；其蒸气被人体吸入有麻醉作用，当吸入含乙醚3.5%(体积分数)的空气时，经30~40 min人就可失去知觉。

③ 安全要求：密闭置于阴凉通风处，远离明火、热源及氧化剂，不宜大量储存或久存；久置后应检验有无过氧化物，如有应经处理后使用。乙醚发生火灾，一般采用干粉灭火器、泡沫灭火器、二氧化碳灭火器、沙土灭火，用水灭火无效。

(3) 丙酮。

① 性质：无色液体，有芳香气味，能与水和有机溶剂混合，易燃、易挥发，化学性质活泼，闪点-11℃，自燃点465℃，爆炸极限2.5%~12.8%(体积分数)。

② 危险性：遇明火易燃烧、爆炸，与纯氧、过氯酸钾、亚硝酰基、高氯酸盐相混能起火甚至爆炸；对人健康的危害主要表现为其蒸气对眼有刺激，多量吸入后有麻醉作用。

③ 安全要求：密闭置于阴凉通风处，保持容器密封，远离明火、热源及氧化剂；如入目应立即用大量水冲洗15 min。丙酮发生火灾，一般采用干粉灭火器、泡沫灭火器、二氧化碳灭火器、沙土灭火，用水灭火无效。

(4)苯。

① 性质：常温下是甜味、可燃、有致癌毒性的无色透明液体，并带有强烈的芳香气味；几乎不溶于水，易溶于有机溶剂；闪点-20℃，爆炸极限1.2%~8.0%(体积分数)。

② 危险性：遇明火、高热易燃易爆，并放出刺激性烟雾，遇强氧化剂有燃烧的可能；苯的挥发性大，暴露在空气中很容易扩散，人和动物吸入或经皮肤接触的大量苯进入体内会侵害神经系统，引起急性中毒，产生神经痉挛甚至导致昏迷、死亡；易产生静电。

③ 安全要求：注意防止产生静电；急性中毒应给氧，绝对禁止使用肾上腺素；密闭置于阴凉通风处，远离明火、热源及氧化剂；溅入眼睛应立即用大量水冲洗 15 min。苯发生火灾，一般采用干粉灭火器、泡沫灭火器、二氧化碳灭火器、沙土灭火，用水灭火无效。

2.3.4　易燃固体、易于自燃的物质、遇水放出易燃气体的物质

教学课件 2.3.4

2.3.4.1　易燃固体

1) 易燃固体的概念

凡是燃点较低，在遇明火、受热、撞击、摩擦或与某些物品(如氧化剂)接触后，会引起强烈、迅速燃烧，并可能散发出有毒烟雾或有毒气体的固体物质称为易燃固体。

在新的分类体系中，加入了自反应物质和固态退敏爆炸品。

自反应物质：指即使没有氧气(空气)存在，也容易发生激烈放热分解的热不稳定物质。在无火焰分解情况下，某些物质可能散发毒性蒸气和其他气体。这些物质主要包括脂肪族偶氮化合物、芳香族硫化酰肼化合物、亚硝基类化合物和重氮盐类化合物等固体物质。

固态退敏爆炸品：指为抑制爆炸性物质的爆炸性能，用水或酒精湿润爆炸性物质，或者用其他物质稀释爆炸性物质后而形成的均匀固态混合物，如二硝基苯酚盐、硝化淀粉等。

在教学科研实验室中，基本接触不到自反应物质、固态退敏爆炸品，因此本节不作深入介绍。

2) 易燃固体的分类

按燃点的高低、易燃性的大小等，可将易燃固体分为两级。

(1) 一级易燃固体。

一级易燃固体燃点和自燃点较低，容易燃烧、爆炸，燃烧速度快，燃烧产物毒性大。根据它们的化学组成，大致可分为：

① 红磷及含磷的化合物，如红磷、三硫化(四)磷等；

② 硝基化合物，如二硝基萘、发泡剂 H 等，此类硝基化合物燃烧时可能发生爆炸；

③ 其他，如氮质量分数在12.5%以下的硝化棉。

（2）二级易燃固体。

二级易燃固体的燃烧性比一级易燃固体差些，燃烧速度慢些，有的燃烧产物毒性也小些。根据它们的化学组成，大致可分为：

① 硝基化合物，如二硝基丙烷、含硝化纤维的制品等；

② 易燃金属粉末，如铝粉等，粉末飞扬时还能与空气形成爆炸性混合物；

③ 萘及其衍生物，如萘、甲基萘等，它们容易升华，表面蒸气浓度较大，易着火；

④ 其他，如硫黄、聚合甲醛等，它们除易燃烧外大都有刺激性或毒性。

3) 易燃固体的危险特性

（1）易燃性。

易燃固体燃点低，容易被氧化，受热易分解或升华，遇火种、热源常会引起强烈、连续的燃烧。

（2）遇酸、氧化剂易燃易爆性。

易燃固体与酸、氧化剂接触，能发生剧烈反应而引起燃烧或爆炸。如赤磷与氯酸钾接触，硫黄粉与氯酸钾或过氧化钠接触，均易立即发生燃烧、爆炸。

（3）毒害性。

许多易燃固体有毒，或其燃烧产物有毒或腐蚀性，如二硝基苯、二硝基苯酚、硫黄、五硫化二磷等。

（4）对撞击、摩擦的敏感性。

易燃固体对摩擦、撞击、震动很敏感，如赤磷、闪光粉等受摩擦、震动、撞击等也能起火燃烧甚至爆炸。

（5）热分解性。

某些易燃固体受热后不熔融而发生分解现象。一般来说，物质热分解的温度高低直接影响其危险性的大小。受热分解温度越低的物质，其火灾爆炸危险性就越大。

4) 实验室常见易燃固体及其性质

（1）红磷。

① 性质：紫红色无定形粉末，无臭，具有金属光泽；不溶于水、二氧化硫，微溶于无水乙醇，溶于碱。

② 危险性：遇明火、高热、摩擦、撞击有引起燃烧的危险。长期吸入红磷粉尘，可引起慢性磷中毒。

③ 安全要求：储藏在阴凉、通风的库房，远离催化剂、卤素、卤化物等。红磷

引起的小火可用干燥沙土闷熄，大火可用水扑灭。

(2) 硫黄。

① 性质：淡黄色脆性结晶或粉末，具有特殊臭味；不溶于水，微溶于乙醇、乙醚，易溶于二硫化碳、苯、甲苯等溶剂。

② 危险性：与空气混合能产生粉尘爆炸，与卤素、金属粉末接触可产生剧烈反应，遇明火、高热易发生燃烧，与强氧化性物质接触能形成爆炸性混合物。

③ 安全要求：硫黄为不良导体，易产生静电导致硫尘起火；燃烧时散发有毒、刺激性气体。硫黄引起的小火可用干燥沙土闷熄，大火可用大量雾状水扑灭。

2.3.4.2 易于自燃的物质

1) 易于自燃的物质的概念

易于自燃的物质指在空气中易发生氧化还原反应，放出热量而自行燃烧的物质。

易于自燃的物质的主要特点是在空气中可自行发热燃烧，其中有一些物品在缺氧或无氧的条件下能够自燃起火。因此，以接触空气后是否能在极短时间内(如 5 min)自燃或在蓄势状态下能否自热升温达到很高的温度(多数物质的自燃点为 200℃)为区分自燃物质的依据。

自燃试剂

2) 易于自燃的物质的分类

(1) 发火物质。

发火物质指与空气接触 5 min 之内即可自行燃烧的液体、固体或固体和液体的混合物，如黄磷、钙粉、三氯化钛、甲醇钠、烷基镁、烷基铝、卤代烷基铝等。

(2) 自热物质。

自热物质指与空气接触后不需要外部热源的作用即可自行发热而燃烧的物质。这类物质最大的特点是只有在大量堆放并经过长时间储存才会自燃，如油纸、油布、油绸及其制品，动物油、植物油和植物纤维及其制品，拷纱、潮湿的棉花等。

3) 易于自燃的物质的危险特性

(1) 遇空气自燃性。

易于自燃的物质大部分非常活泼，具有极强的还原活性，接触空气中的氧气时被氧化，同时产生大量的热，从而达到自燃点而着火、爆炸。其发生自燃的过程不需要明火点燃。

(2) 遇湿易燃易爆性。

有些易于自燃的物质遇水或受潮后能分解引起自燃(如保险粉)或爆炸。

(3) 积热自燃性。

易于自燃的物质不需要外部加热，可以依靠自身的连锁反应，通过积热使自身温度升高，最终达到着火温度而发生自燃。

(4) 毒害腐蚀性。

易于自燃的物质及其燃烧产物经常带有较强的毒害腐蚀性。

4) 实验室常见易于自燃的物质及其性质

(1) 白磷。

① 性质：白色或浅黄色半透明蜡状固体，又名黄磷；暴露于空气中时会在暗处产生绿色磷光和白烟；熔点 44.1℃，引燃温度 30℃。

② 危险性：白磷是一种易自燃物质，接触空气能自燃并引起燃烧和爆炸，受撞击、摩擦或与氯酸盐等氧化剂接触能燃烧、爆炸；白磷有毒，误服白磷后会很快产生严重的胃肠道刺激腐蚀症状，大量摄入白磷会因全身出血、呕血、便血和循环系统衰竭而死。

③ 安全要求：白磷应保存在水中，且必须浸没在水下，隔绝空气；储存于阴凉且通风良好的专业库房内；远离火源、热源、氧化剂、易燃物、可燃物、有机物等。遇药品着火，可用雾状水灭火。

(2)三乙基铝。

① 性质：无色液体，化学性质活泼，能在空气中自燃，遇水即发生爆炸；也能与酸类、卤素、醇类和胺类起强烈反应，熔点−51.5℃，闪点−52℃。

② 危险性：极度易燃，具有强烈刺激和腐蚀作用，主要损害人的呼吸道和眼结膜，高浓度吸入可引起肺水肿；吸入其烟雾可致烟雾热；皮肤接触可致灼伤，导致充血水肿和起水疱，疼痛剧烈。

③ 安全要求：三乙基铝储存时必须用充有惰性气体或特定的容器包装；储存于阴凉、通风的库房，远离火种、热源；包装要求密封，不可与空气接触，应与氧化剂、酸类、醇类等分开存放。遇有药品着火，采用干粉、干沙灭火，禁止用水和泡沫灭火器灭火。

2.3.4.3　遇水放出易燃气体的物质

1) 遇水放出易燃气体的物质的概念

遇水放出易燃气体的物质指遇水或受潮时可发生剧烈的化学反应，并放出大量易燃气体和热量的物质。当其释放出的热量达到可燃气体的自燃点或接触外来火源时，会立即燃烧或爆炸。

2) 遇水放出易燃气体的物质的分类

(1) 一级遇湿易燃物质。

一级遇湿易燃物质在受潮、遇水后立即发生剧烈反应，同时放出大量易燃易爆气体和热量，猛烈燃烧和爆炸，如锂、钠、钾等碱金属及其氢化物、碳化物等。

(2) 二级遇湿易燃物质。

二级遇湿易燃物质在受潮、遇水后反应速度较慢，同时产生易燃性气体，遇火星爆炸或因高温而自燃，如金属钙、锌粉等。

3) 遇水放出易燃气体的物质的危险特性

(1) 遇水易燃易爆性。

遇水后可发生剧烈反应，产生大量的易燃气体和热量，如金属钠、碳化钙等。

(2) 遇氧化剂或酸着火爆炸。

遇水放出易燃气体的物质大都有很强的还原性，遇氧化剂或酸时反应会更加剧烈，引起着火和爆炸。

(3) 自燃危险性。

遇水放出易燃气体的物质在潮湿的空气中能自燃，特别是在高温下反应比较剧烈。

(4) 毒害性和腐蚀性。

某些遇水放出易燃气体的物质具有腐蚀性或毒性，如硼氢类化合物、金属磷化物等，有些遇水后还能放出有毒气体。

4) 实验室常见遇水放出易燃气体的物质及其性质

(1) 碳化钙。

① 性质：无机化合物，电石的主要成分，白色晶体，工业品为灰黑色块状物，断面为紫色或灰色；遇水立即发生剧烈反应，生成乙炔并放出热量；闪点 −17.8℃，熔点 2300℃。

② 危险性：遇湿易燃、干燥时不燃，遇水或湿气能迅速产生高度易燃的乙炔气体，在空气中达到一定的浓度时，可发生爆炸性灾害；损害皮肤，引起皮肤瘙痒、炎症、“鸟眼”样溃疡、黑皮病等。

③ 安全要求：储存于阴凉、干燥、通风良好的库房，远离火种、热源；包装必须密封，应与酸类、醇类等分开存放。遇有药品着火，可用干燥石墨粉或其他干粉（如干沙）灭火。

(2) 磷化铝。

① 性质：浅黄色或灰绿色粉末，无味，易潮解；不溶于冷水，溶于乙醇、乙醚。

② 危险性：干燥条件下对人畜较安全，吸收空气中的水分后，分解放出剧毒、磷化氢气体，人吸入磷化氢气体会引起头晕、头痛、恶心、乏力、食欲减退、胸闷及上腹部疼痛等；遇酸或水和潮气时能发生剧烈反应，放出剧毒、自燃的磷化氢气体，当温度超过60℃时会立即在空气中自燃；与氧化剂能发生强烈反应，引起燃烧或爆炸。

③ 安全要求：储藏在凉冷、干燥、通风良好处，必须密闭储藏；远离家畜、家禽，并要有专人保管；储藏过程中，遇药品着火，千万不能用水或酸性物质灭火，可用二氧化碳灭火器或干沙灭火。

教学课件 2.3.5

2.3.5 氧化性物质和有机过氧化物

氧化性物质和有机过氧化物具有强烈的氧化性，在不同条件下，遇酸、碱或受热、受潮及接触有机物、还原剂即能分解放出氧，发生氧化还原反应，引起燃烧。有机过氧化物更具有易燃甚至爆炸的危险性，储运时需加适量抑制剂或稳定剂。有的氧化性物质和有机过氧化物在环境温度下会自行加速分解，在储存、运输、接触、使用等过程中需要特别注意。

2.3.5.1 氧化性物质

1）氧化性物质的概念

氧化性物质是指本身不一定可燃，但通常因放出氧可能引起或促使其他物质燃烧的物质。有些氧化性物质对热、震动或摩擦较敏感，与易燃物、有机物、还原剂等接触，即能分解引起燃烧和爆炸。少数氧化性物质容易发生自动分解（不稳定性），其本身就具有发生着火和爆炸所需的所有成分。

2）氧化性物质的分类

氧化性物质按物质形态可分为固体氧化性物质和液体氧化性物质，根据氧化性能强弱，无机氧化性物质通常分为两级，如表 2-2 所列。

表 2-2 无机氧化性物质分类

分类	特性	典型化合物
一级无机氧化物	含有过氧基（-O-O-）或高价态元素（N^{5+}，Mn^{7+} 等）的物质，化学性质活泼	过氧化物类，如过氧化钠；某些氯的含氧酸及其盐类，如高氯酸、高氯酸钾等
二级无机氧化物	化学性质较活泼	除一级外的所有无机氧化剂，如亚硝酸钠、亚氯酸钠等

3）氧化性物质的危险特性

（1）受热、被撞分解性。

在现行列入氧化性物质管理的危险品中，除有机硝酸盐类外，都是不燃物质，但当它们受热、被撞击或摩擦时易分解出氧，若接触易燃物、有机物，特别是与木炭粉、硫黄粉、淀粉等混合时，能引起着火和爆炸。

（2）可燃性。

氧化性物质绝大多数是不燃的，但也有少数具有可燃性，主要是有机硝酸盐类，如硝酸胍、硝酸脲等，另外还有过氧化氢尿素、高氯酸醋酐溶液、二氯异氰尿素或三氯异氰尿素、四硝基甲烷等。这些物质不需要外界的可燃物参与即可燃烧。

（3）与可燃液体作用自燃性。

有些氧化性物质与可燃液体接触能引起燃烧。如高锰酸钾与甘油或乙二醇接触，过氧化钠与甲醇或醋酸接触，铬酸丙酮与香蕉水接触等，都能起火。

（4）与酸作用分解性。

氧化性物质遇酸后，大多能发生反应，而且反应常常是剧烈的，甚至引起爆炸。如高锰酸钾与硫酸、氯酸钾与硝酸接触都十分危险。这些氧化剂着火时，不能用泡沫灭火剂扑救。

（5）与水作用分解性。

有些氧化性物质，特别是活泼金属的过氧化物，遇水或吸收空气中的水蒸气和二氧化碳能分解放出氧原子，致使可燃物质爆燃。漂白粉（主要成分是次氯酸钙）吸水后，不仅能放出氧，还能放出大量的氯。

（6）强氧化性物质与弱氧化性物质作用分解性。

强氧化剂与弱氧化剂相互之间接触能发生复分解反应，产生高热而引起着火或爆炸。如漂白粉、亚硝酸盐、亚氯酸盐、次氯酸盐等弱氧化剂，遇到氯酸盐、硝酸盐等强氧化剂时，会发生剧烈反应，引起着火或爆炸。

（7）腐蚀毒害性。

不少氧化性物质还具有一定的腐蚀毒害性，能毒害人体、烧伤皮肤，如二氧化铬（铬酸）既有毒性，也有腐蚀性。这类物品着火时，应注意安全防护。

4）实验室常见氧化性物质及其性质

（1）过氧化氢。

① 性质：纯过氧化氢是淡蓝色的黏稠液体，可以任意比例与水混溶，是一种强氧化剂；其水溶液俗称双氧水，为无色透明液体。

② 危险性：过氧化氢自身不燃，但能与可燃物反应放出大量热量和氧气而引

起着火、爆炸；高浓度过氧化氢有强烈的腐蚀性；吸入其蒸气或雾对呼吸道有强烈的刺激性。

③ 安全要求：储存于阴凉、干燥、通风良好处，远离可燃物、催化金属化合物、热源、火源；避免阳光直射；可用水、雾状水、干粉、沙土等灭火。

（2）高锰酸钾。

① 性质：黑紫色、细长的棱形结晶或颗粒，带蓝色的金属光泽，无臭；与某些有机物或易氧化物接触，易发生爆炸；溶于水、碱液，微溶于甲醇、丙酮、硫酸。

② 危险性：高锰酸钾为氧化剂，与乙醚、乙醇、硫酸、硫黄、双氧水等接触会发生爆炸；遇甘油立即分解并强烈燃烧；具有腐蚀性、刺激性，可致人体灼伤。

③ 安全要求：远离火种、热源；避免与还原剂、活性金属粉末接触；可用水、雾状水灭火。

2.3.5.2 有机过氧化物

1) 有机过氧化物的概念

有机过氧化物是一种含有过氧基(—O—O—)结构的有机物质，也可能是过氧化氢的衍生物，如过甲酸(HCOOOH)、过乙酸(CH_3COOOH)等；与无机过氧化物相比，有机过氧化物更容易分解(150℃以下)，大多可燃，甚至易燃。

2) 有机过氧化物的分类

根据取代基的不同，有机过氧化物可大致分为烃基过氧化物、二烃基过氧化物、二酰基过氧化物、过氧化碳酸酯、过氧化酯、过羧酸、含金属和非金属离子的过氧化物等。有机过氧化物按照氧化性能强弱和结构也可分为一级有机过氧化物和二级有机过氧化物，前者比后者的氧化性更强。

3) 有机过氧化物的危险特性

（1）分解爆炸性。

有机过氧化物的分解产物是活泼的自由基，有自由基参与的反应很难用常规的抑制方法抑制。因为有机过氧化物的许多分解产物是气体或易挥发物质，再加上可提供氧气，所以易发生爆炸性分解。同时，有机过氧化物对温度和外力作用是十分敏感的，其危险性和危害性比其他氧化剂更大。

（2）易燃性。

有机过氧化物本身是易燃的，而且燃烧迅速，可迅速转化为爆炸性反应，如过氧乙酸的闪点为40.56℃，过氧化二叔丁酯的闪点只有12℃。

(3) 对碰撞或摩擦敏感。

有机过氧化物中的过氧基(—O—O—)是极不稳定的结构，对热、震动、碰撞、冲击或摩擦都极为敏感，当受到轻微的外力作用时就有可能发生分解爆炸。

(4) 与其他物质起危险性反应。

有机过氧化物对杂质很敏感，与酸类、重金属化合物、金属氧化物或胺接触就会引起剧烈的发热分解，可能产生有害或易燃气体或蒸气，有些燃烧迅速而猛烈，极易爆炸。

(5) 毒害性。

有机过氧化物容易伤害眼睛，如过氧化环己酮、叔丁基过氧化氢、过氧化二乙酰等，即使它们与眼睛只有短暂接触，也会对角膜造成严重的伤害，应避免其与眼睛接触。有机过氧化物一般都对皮肤有腐蚀性，有的还具有很强的毒性。

4) 实验室常见有机过氧化物及其性质

(1) 过氧化苯甲酰。

① 性质：常温下为白色晶体粉末，微有苦杏仁气味，能溶于苯、氯仿、乙醚，溶于乙醇及水；属于强氧化剂，易燃烧。

② 危险性：具有敏感性和爆炸性，摩擦、撞击及遇明光、高温、硫、还原剂等，均有引起着火、爆炸的危险；低毒，误服有害，对眼睛、皮肤和黏膜有刺激作用，应避免直接接触。

③ 安全要求：储藏时必须保存一定水分，放在阴凉、通风、干燥、避光处，远离还原剂、酸类、碱类、易燃有机物等。

(2) 过氧乙酸。

① 性质：无色液体，有强烈刺激性气味；溶于水、醇、醚、硫酸；属于强氧化剂，极不稳定。

② 危险性：不稳定，易燃易爆炸，在-20℃也会爆炸，浓度大于 45% 就有爆炸性，遇高热、还原剂或有金属离子存在就会引起爆炸；对皮肤、眼睛有刺激性，对纸、木塞、橡胶、皮肤等有腐蚀作用。

③ 安全要求：远离火种、热源、强还原剂、强碱、金属盐类等物质；避免受热、光照、震动、撞击、摩擦等；对金属有腐蚀性，应储存于塑料桶内，保持容器密封。

2.3.6　毒性物质

教学课件 2.3.6

《危险化学品目录》(2015 年版)列出了 2828 种危险化学品，其中 148 种是剧毒化学品。这些有毒化学物质在生产、使用、贮存和运输的过程中有可能对人体产生危害，甚至危及人的生命。因此，广大师生要熟悉这类物质的基本知识，严格做好防范措施，防止中毒事故的发生。

1) 毒性物质的概念

毒性物质是指进入人体后，累积达一定的量后，能与体液和器官组织发生生物化学作用或生物物理学作用，扰乱或破坏机体的正常生理功能，引起某些器官和系统暂时性或持久性的病理改变，甚至危及生命安全的物品。

2) 毒性物质的毒性

(1) 毒性的概念。

毒物的摄入量与效应的关系称为毒性。把某毒物使受试动物死亡的最小量与该动物的体重相比，得到每公斤体重摄入某毒物的毫克数(mg/kg)就是毒性的单位。

(2) 毒性度量标准。

剂量决定危险性，任何物质都是毒物，只是剂量不同，有些物质表现出对人体健康有害，有些物质则无害。可见，如何判定毒性物质的毒性至关重要。毒性物质的毒性通常用半致死剂量(LD_{50})和半致死浓度(LC_{50})来表示。

① LD_{50}：半致死剂量。

定义：指在一定时间内经口或皮肤给予受试样品后，使受试动物半数死亡的毒物剂量。

表示方法：以单位体重接受受试样品的质量(mg/kg 或 g/kg)来表示。

② LC_{50}：半致死浓度。

定义：指在一定时间内经呼吸道吸入受试样品后，使受试动物半数死亡的毒物浓度。

表示方法：以单位体积空气中受试样品的质量(mg/L)来表示。

3) 毒性物质的分类

毒性物质的种类很多，按其物理性质分类，可分为气体、液体、蒸气、雾、烟、尘；按其化学组成又可分为无机和有机两类，常见的无机毒性物质有硒、砷、汞、锇、铊、磷的化合物等，有机毒性物质如硫酸二甲酯、四乙基铅、醋酸、苯及某些有机农药等；按毒性作用分类还可分为刺激性、窒息性、麻醉性、全身性毒物。

剧毒试剂

4) 毒性物质的危险性

毒性物质的危险性具体包括以下几点：

(1) 持久性，在自然中不容易通过生物降解或其他进程分解；

（2）生物蓄积性，能够在生物体内蓄积甚至在食物链内累积；

（3）毒性致癌性，会导致癌症；

（4）基因诱变性，致变异和致畸；

（5）生殖系统毒性，毒害生殖系统；

（6）干扰内分泌，即使剂量极低，也有类荷尔蒙作用或能改变荷尔蒙系统；

（7）神经系统毒性，毒害神经系统。

5）毒性物质作用于人体的影响因素

由毒性物质侵入机体而导致的病理状态称为中毒，影响人体中毒的主要因素主要有以下几方面。

（1）毒物本身的特性。

① 化学结构。毒物的化学结构决定毒物在体内将会发生的代谢转化类型及其可能参与和干扰的生理生化过程，因而其对毒物的毒性大小和毒性作用特点有很大影响。如有机化合物中的氢原子被卤族元素取代，其毒性增强，取代的越多，毒性也就越大；无机化合物随着分子量的增加，其毒性也增强。

② 物理特性。毒物的溶解度、分散度、挥发度等物理特性与毒物的毒性有密切的关系。毒性物质的溶解度越大，其在血液中的相对含量就越大，毒性也越强；液态化学物的挥发性越大，人通过呼吸道吸收的危险性也就越大。

（2）毒物的浓度、剂量与接触时间。

毒物的毒性作用与其剂量密切相关，空气中毒物浓度高、人接触时间长，则其进入人体内的剂量大，发生中毒的概率高。因此，降低生产环境中毒物浓度、缩短与人的接触时间、减少毒物进入体内的剂量是预防职业中毒的重要环节。

（3）毒物的联合作用。

生产环境中常同时存在多种毒物，两种或两种以上毒物对机体的相互作用称为联合作用。这种作用会导致共存的毒性物质产生相互叠加效应，进而影响毒性。它通常有三种表现形态：独立作用，即几种毒性物质对人体的作用机理不同，故而对人体作用互不产生关联；两种以上毒性物质同时存在时，一种毒性物质可加强或减弱另一种毒性物质的特性，前者称为协同作用，后者为拮抗作用。

（4）环境因素。

环境因素（如温度、湿度、气压等）可通过改变毒性物质与人体作用的进程、毒性本身性质等方面对毒性作用进行影响。如高温环境可增强氯酚的毒害作用，也可增加皮肤对硫磷的吸收；紫外线、噪声和震动可增加某些毒物的毒害作用；等等。

（5）个体因素。

接触同一剂量的毒性物质，不同的个体可出现迥然不同的反应。造成这种差别的因素很多，如个体健康状况、年龄、性别、生理变化、营养和免疫状况等。肝、肾病患者，由于其解毒、排泄功能受损，易发生中毒；未成年人，由于其各器官、系统的发育及功能不够成熟，对某些毒物的敏感性可能增高；在怀孕期，铅、汞等毒物可由母体进入胎儿体内，影响胎儿的正常发育或导致流产、早产；人体免疫功能降低或营养不良时，对某些毒性物质的抵抗能力降低等等。

6）实验室常见毒性物质及其危害程度分级

表 2-3 列出了实验室常见的毒性物质及其危害程度分级。

表 2-3　实验室常见的毒性物质及其危害程度分级

毒性物质	半致死量 $LD_{50}/(mg \cdot kg^{-1})$			级别及危害程度
	呼吸	口摄	经皮肤进入	
汞及其化合物、苯、砷及其化合物（非致癌物除外）、氯乙烯、铬酸盐和重铬酸盐、白磷、铍及其化合物、对硫磷、羰基镍、八氟异丁烯、氯甲醚、锰及其化合物、氰化物等	<500	<100	<25	1 级 极度危害
三硝基甲苯、铅及其化合物、二硫化碳、丙烯腈、四氯化碳、硫化氢、甲醛、苯胺、五氯酚及其钠盐、镉及其化合物、氟化氢、溴甲烷、环氧氯丙烷、光气、一氧化碳、硝基苯等	>500	>100	>25	2 级 高度危害
苯乙烯、甲醇、硝酸、硫酸、盐酸、甲苯、二甲苯、二甲基甲酰胺、苯酚、氮氧化物等	<2000	<500	<500	3 级 中度危害
溶剂汽油、丙酮、氢氧化钠、四氟乙烯、氨气等	>2000	>500	>500	4 级 轻度危害

2.3.7　放射性物质

教学课件 2.3.7

辐射是不以人的意志为转移的客观事物，在我们赖以生存的环境中，辐射无处不在。人们对放射性物质往往具有恐惧心理，但有研究结果表明，小剂量的照射还可能对提高人体的抗辐射能力有积极的作用。因此，对于辐射，要有正确的认识，并做到科学的防护，最大限度地预防和缩小电离辐射对人体的危害。

1) 放射性物质的概念

(1) 原子核的放射性。

1896 年，法国科学家贝可勒尔在研究含铀矿物质的荧光现象时，偶然发现铀盐能放射出穿透力很强的可使照相底片感光的不可见射线。研究结果表明，原子核自发地放射出的射线，主要包括 α，β，γ 三种射线。除了上述三种射线，不可见射线还包括 X 射线和中子射线。

辐射是指以电磁波或高速粒子的形式向周围空间或物质发射并在其中传播的能量的统称(热辐射、核辐射等)。辐射分为非电离辐射和电离辐射。非电离辐射是指能量小于 10 eV 的辐射，如紫外线、可见光、红外线和射频辐射；电离辐射是指能量大于 10 eV 的辐射，如 γ 射线、中子射线、α 射线、β 射线等。

(2) 放射性物质。

某些物质的原子核能发生衰变，放出肉眼看不见也感觉不到，只能用专门仪器才能探测到的射线，物质的这种性质叫放射性。放射性物质是那些能自然地向外辐射能量、发出射线的物质。一般都是原子质量很高的金属，像钚、铀等。

2) 放射源强度与电离辐射强度

(1) 放射源强度。

放射源强度的大小通常不用体积或质量的大小来衡量，而使用放射性活度来表示。放射性活度是指放射性物质在单位时间内发生衰变的原子核数，也叫衰变率，以 A 表示。放射性活度是指单位时间发生衰变的原子核数目，而不是放射源发出的粒子数目。

在国际单位制(SI)中，放射性活度单位为贝可，每秒有一个原子发生衰变时，其放射性活度即 1 贝可，用 Bq 表示：1 Bq = 1 次衰变/秒 = 1 s^{-1}。

在实际工作中，经常沿用过去惯用的专业单位居里，用 Ci 表示：1Ci = 3.7×10^{10} s^{-1}(即 3.7×10^{10} Bq)。目前在实验室通常使用毫居里(mCi)或微居里(μCi)级别的放射源。

(2) 电离辐射强度。

电离辐射强度通常采用照射量(X)或吸收剂量(D)表示。

① 照射量 X：表示射线空间分布的辐射剂量，即在离放射源一定距离的物质受照射线的多少，以 X 射线或 γ 射线在空气中全部停留下来所产生的电荷量来表示，专用单位为伦琴(R)，国际单位制(SI)中是库伦/千克(C/kg)，1R = 2.58×10^{-4}C/kg。

② 吸收剂量 D：表示吸收了多少能量，专用单位是拉德(Red)，国际单位制(SI)专用名称是戈瑞(Gy)，单位：焦耳/千克(J/kg)，1 Gy = 1 J/kg = 100 Red。

3) 放射性物质的来源

(1) 天然辐射源。

自人类在地球上出现以来，一直受到天然存在的辐射源的照射。这种天然存在的辐射源称为天然辐射源，而这种来自天然辐射源的辐射称为天然辐射。天然辐射源主要来自宇宙射线、宇生放射性核素(图 2-1)和原生放射性核素(图 2-2)发射的射线。

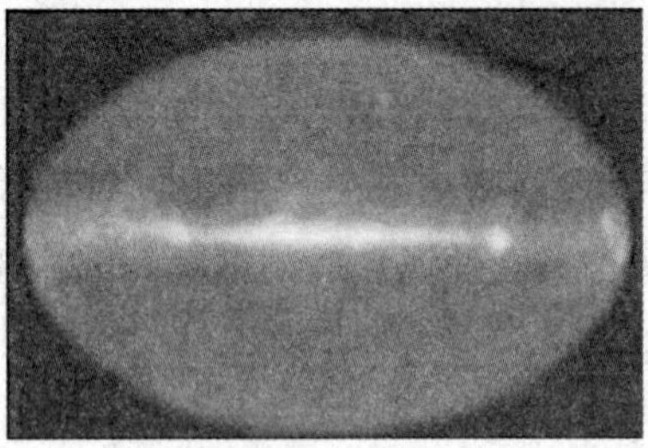

图 2-1　宇生放射性核素碳-14、氚-3

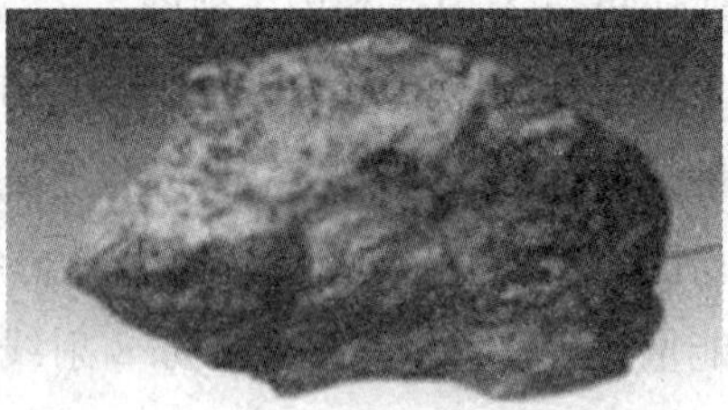

图 2-2　原生放射性核素铀、镭

(2) 人工辐射源。

人工放射性核素就是自然界不存在而通过人工产生的放射性核素，主要通过中子和带电粒子轰击天然稳定核素或^{235}U 等易裂变材料，使其产生核反应来制备，主要生产设备包括反应堆、加速器和放射性核素发生器。

人工辐射源主要有核设施、核技术利用的辐射源和核试验落下灰等。在现代化实验室、医院、工厂中多为核技术利用的辐射源，如实验室中的 X 射线发生器、电子及粒子源等设备，医院中的远距离放射治疗仪、多束远距离放射治疗仪器(伽马刀)、高/中剂量率近距离放射治疗仪等设备，工厂中的工业计算机断层扫描仪、工业辐照加速器，等等。

4) 放射性物质的分类

放射性物质的分类方法很多，常见的有以下几种。

(1) 按物理形态分类。

① 固体放射性物质，如钴-60、独居石等。

② 粉末状放射性物质，如夜光粉、铈钠复盐等。

③ 液体放射性物质，如发光剂、医用同位素制剂磷酸二氢钠等。

④ 晶体状放射性物质，如硝酸钍等。

⑤ 气体放射性物质，如氪-85、氩-41 等。

(2) 按放出的射线类型分类。

① 放出 α, β, γ 射线的放射性物质，如镭-226。

② 放出 α, β 射线的放射性物质，如天然铀。

③ 放出 β，γ 射线的放射性物质，如钴-60。

④ 放出中子流（同时也放出 α，β 或 γ 射线中的一种或两种）的放射性物质，如镭-铍中子流、钋-铍中子流等。

（3）按放射性活度或安全程度分类。

按放射性活度或安全程度分类，可将放射性物质分为低比活度放射性物质、表面污染物质、可裂变物质、特殊性质的放射性物质和其他性质的放射性物质五类。

5）放射性物质进入人体的途径

（1）体外辐射。

体外辐射防护方法

体外辐射指放射性物质在人体外对人体形成的照射，并在人体内发生作用。其作用的强度取决于机体吸收剂量的大小。它有以下几种方式。

① 放射性微尘自然沉降于衣物或体表。

② 放射性微尘自然沉降于建筑物等。

③ 放射性微尘通过降水沉降于建筑物、道路等。

（2）体内辐射。

体内辐射指放射性物质进入人体，是人体受到来自内部的射线照射。它有以下几种方式：

① 吸入放射性气体和微尘。

② 食入被放射性物质污染的食物。

③ 体外创伤被放射性物质沾染。

6）放射性物质的危害及防护措施

辐射对人体危害

辐射如何影响人体

放射性物质的危害主要是指电离辐射对人体的危害。电离辐射对人体的危害是超过允许剂量的放射线作用于机体的结果。电离辐射可引起放射病，它是机体的全身性反应，几乎所有器官、系统均会发生病理改变，但其中以神经系统、造血器官和消化系统的改变最为明显。电离辐射对机体的损伤可分为急性放射损伤和慢性放射损伤。短时间内接受一定剂量的照射，可引起机体的急性损伤，平时见于核事故和放射治疗病人。而较长时间内分散接受一定剂量的照射，可引起慢性放射损伤，如皮肤损伤、造血障碍、白细胞减少、生育力受损等。另外，过量的辐射还会致癌和引起胎儿畸形或死亡。

为了减少射线的照射，达到辐射防护的目的，在技术上，对内照射的防护措施是减少放射性核素进入人体，同时加快排出放射性核素。对外照射的防护主要采取以下三种方法。

（1）时间防护。

对于相同条件下的照射，人体接受的剂量与照射的时间成正比。因此，减少接受照射的时间，就可以明显减少人体吸收剂量。

（2）距离防护。

对于点源，如果不考虑介质的散射和吸收，它在相同方位角的周围空间所产生的直接照射剂量与距离的平方成反比。实际上，只要不是在真空中，介质的散射和吸收总是存在的，因此直接照射剂量随着与源的距离的增加而迅速减少。在非点源和存在散射照射的条件下，近距离的所受剂量的情况比较复杂；对于距离较远的地点，其所受的剂量也随着距离的增加而迅速减少。因此，应尽量增加与辐射源的距离。

（3）物质屏蔽。

射线与物质发生作用，可以被吸收和散射，即物质对射线有屏蔽作用。对于不同的射线，其屏蔽方法是不同的。对于 γ 射线和 X 射线，用原子序数高的物质（例如铅）屏蔽效果较好。对 β 射线则先用低原子序数的材料（例如有机玻璃）阻挡，再在后面用高原子序数的物质阻挡由其激发的 X 射线。对中子的屏蔽可以使用富含氢原子的材料（例如水和石蜡）。对 α 射线的屏蔽很容易，在体外它基本上不会对人体造成危害，但内照射危害特别严重，应加强对其内照射的防护。

2.3.8　腐蚀性物质

教学课件 2.3.8

腐蚀性物质与易燃品、氧化剂、毒害品有着千丝万缕的关系，不少化学品往往同时具有几种危害性。相比较而言，腐蚀性占主要性质的化学品，划归为腐蚀性物质。虽然划为腐蚀性物质，但不能忽视其他危险性。

1）腐蚀性物质的概念

腐蚀性试剂

腐蚀性物质是指能灼伤人体组织并对金属等物品造成损坏，与皮肤接触可在 4 h 内出现可见坏死现象，或温度在 55℃时，对 20 号钢的表面均匀腐蚀率超过 6.25 mm/a 的固体或液体。

2）腐蚀性物质的分类

按腐蚀性的强弱可将腐蚀性物质分为两级；按其酸碱性及有机物、无机物之别则可分为以下八类。

（1）一级无机酸性腐蚀物质。这类物质具有强腐蚀性和酸性，主要是一些具有氧化性的强酸，如氢氟酸、硝酸、硫酸、氯磺酸等，还有遇水能生成强酸的物质，如二氧化氮、二氧化硫、三氧化硫、五氧化二磷等。

（2）一级有机酸性腐蚀物质。这类物质是具有强腐蚀性及酸性的有机物，如甲酸、氯乙酸、磺酸酰氯、乙酰氯、苯甲酰氯等。

（3）二级无机酸性腐蚀物质。这类物质主要是氧化性较差的强酸，如烟酸、亚硫酸、亚硫酸氢铵、磷酸等，以及与水接触能部分生成酸的物质，如四氧化碲。

（4）二级有机酸性腐蚀物质。这类物质主要是一些较弱的有机酸，如乙酸、乙酸酐、丙酸酐等。

（5）无机碱性腐蚀物质。这类物质指具有强碱性的无机腐蚀物质，如氢氧化钠、氯氧化钾，以及与水作用能生成碱性的腐蚀物质，如氧化钙、硫化钠等。

（6）有机碱性腐蚀物质。这类物质指具有碱性的有机腐蚀物质，主要是有机碱金属化合物和胺类，如二乙醇胺、甲胺、甲醇钠等。

（7）其他无机腐蚀物质。这类物质有漂白粉、三氯化碘、溴化硼等。

（8）其他有机腐蚀物质。这类物质有甲醛、苯酚、氯乙醛、苯酚钠等。

3）腐蚀性物质的危险特性

（1）强烈的腐蚀性。

这种性质是腐蚀性物质的共性。它对人体、设备、建筑物、构筑物、车辆及船舶的金属结构都有很大的腐蚀和破坏作用，如硝酸、硫酸等对人的皮肤、眼睛及黏膜具有破坏作用，酸、碱能对金属容器、货物包装、车辆、仓库地面等造成腐蚀。

（2）氧化性。

腐蚀性物质如硝酸、浓硫酸、氯磺酸、过氧化氢、漂白粉等，都是氧化性很强的物质，与还原物或有机物接触时会发生强烈的氧化还原反应，放出大量的热，容易引起燃烧。

（3）遇水反应性。

很多腐蚀性物质遇水会发生反应并放出大量热。一是遇水分解（以氯化物为典型），例如三氯化磷、氯磺酸等。二是遇水化合（以各种酸酐为典型），例如三氧化硫、五氧化二磷等。遇水反应的腐蚀品都能与空气中的水汽发生反应而生成雾，对眼睛、咽喉和肺有强烈的刺激作用，而且有毒。

（4）毒害性。

许多腐蚀性物质不但本身毒性大，而且会产生有毒蒸气，如二氧化硫、氢氟酸等。腐蚀性物质接触人的皮肤、眼睛或进入人的肺部、食道等会对表皮细胞组织产生破坏作用而造成灼伤，灼伤后常引起炎症，甚至造成死亡。

（5）易燃易爆危险性。

许多有机腐蚀性物质不仅本身可燃，而且能挥发出易燃蒸气。在列入管理的腐蚀品中，约有 83% 的腐蚀品具有火灾危险性（自身为易燃的液体或固体）。例如：甲酸、冰醋酸、苯甲酰氯、水合肼等遇火易燃，其蒸气与空气可形成爆炸性混合物；无水硫化钠本身有可燃性，遇高热、撞击还有爆炸危险。

4) 实验室常见腐蚀性物质及其性质

(1) 硝酸。

① 性质：别名发烟硝酸，相对密度大于 1.48，无色透明发烟液体，工业品常呈黄色或红棕色；露置空气中冒烟，能与水任意混溶，主要用于有机物的硝化。

② 危险性：具有强氧化性，遇松香油、H 发孔剂等有机物能立即燃烧，遇强还原剂能引起爆炸；遇氰化物产生剧毒气体；有强腐蚀性，其蒸气刺激眼和上呼吸道，与皮肤接触能引起灼伤，误触皮肤应立即用苏打水冲洗，再进行医治。

③ 安全要求：储存于铝罐、陶瓷坛或玻璃瓶中，远离易燃、可燃物，与碱类、氰化物、金属粉末隔离储存；泄漏物可用沙土或白灰吸附中和，再用雾状水冷却稀释后处理；当与其他物品着火时可用雾状水、干粉、二氧化碳等相应的灭火器或沙土扑救。

(2) 水合肼(肼的质量分数不超过 64%)。

① 性质：无色发烟液体，能与水和乙醇混溶，不溶于氯仿和乙醚；有还原性和碱性，露置空气中冒烟；相对密度 1.03，熔点-40℃，沸点 119℃，闪点 72.8℃；用作还原剂、溶剂、抗氧剂，用于制造医药、发泡剂等。

② 危险性：可燃，有强还原性；能与氧化剂发生反应，产生大量热而引起燃烧、爆炸；毒性很强，能经皮肤吸收；能挥发出肼的蒸气，遇明火即燃烧或爆炸。

③ 安全要求：储存于干燥、阴凉的库房，远离火种、热源，与酸类、氧化剂隔离存放；泄漏物用沙土吸附或大量水冲洗；着火可用泡沫、二氧化碳、雾状水、干粉灭火器扑救。

(3) 甲醛溶液。

① 性质：有刺激气味的无色液体，含甲醛约 37%，是较强的还原剂；有凝固蛋白质作用，故可做标本防腐剂；相对密度 1.075~1.085，沸点 101℃；用于制酚醛树脂、脲醛树脂、维纶、乌洛托品、季戊四醇、染料等，也用作农药和消毒剂。

② 危险性：有剧毒，能使蛋白质凝固，触及皮肤能使皮肤发硬，甚至局部组织坏死；其蒸气与空气混合能成为爆炸性气体，与氧化剂、火种接触有着火危险。

③ 安全要求：发生火灾可用水、泡沫、二氧化碳、干粉等相应的灭火器扑救。

2.4　化学品安全技术说明书及安全标签

教学课件 2.4

2.4.1　化学品安全技术说明书

化学品安全技术说明书 MSDS(Material Safety Data Sheet)，即化学品安全信息的载体，国际上称作化学品安全信息卡，是化学品生产商和经销商按法律要求必须提供的有关化学品理化特性(如 pH 值、闪点、易燃度、反应活性等)、毒性、环境危害及对使用者健康(如致癌、致畸等)可能产生危害的一份综合性文件，有固定的格式要求。

1) MSDS 的内容

MSDS 实际上是一份全面的技术性说明书，侧重于危害提示和安全操作指引，主要包含以下 16 项内容：

第一项：化学品名称和制造商信息

第二项：化学组成信息

第三项：危害信息

第四项：急救措施

第五项：消防措施

第六项：泄漏应急处理

第七项：操作和储存

第八项：接触控制和个人防护措施

第九项：理化特性

第十项：稳定性和反应活性

第十一项：毒理学信息

第十二项：生态学信息

第十三项：废弃处置

第十四项：运输信息

第十五项：法规信息

第十六项：其他信息

2) MSDS 的作用

(1) 提供有关化学品的危害信息，保护化学品使用者；

(2) 确保安全操作，为制定危险化学品安全操作规程提供技术信息；

（3）提供有助于紧急救助和事故应急处理的技术信息；

（4）指导化学品的安全生产、安全流通和安全使用；

（5）作为化学品登记管理的重要基础和信息来源。

MSDS 作为对用户的一种服务，生产企业应随化学品向用户提供化学品安全技术说明书，使其随着化学品的流转而传递，向所有可能接触到化学品的人员传递安全信息，使用户明了化学品的相关危害，使用时自主进行防护，从而起到减少职业危害、预防化学事故的作用。

2.4.2 化学品安全标签

危险货物包装标准

1）危险化学品的标志

危险化学品标志参照《危险货物包装标准》（GB 190—2009）。危险化学品标志是通过图案、文字说明、颜色等信息鲜明、简洁地标示危险化学品危险特性和类别，向作业人员传递安全信息的警示性资料。

（1）标志数量。

标志的图形共 21 种 19 个名称，分别标示了 9 类危险化学品的主要特性。

（2）标志图形组成。

标志图形共由以下四部分组成：

① 危险特性的图案；

② 标志名称；

③ 底色；

④ 危险品类别号。

（3）标志图形和名称。

危险化学品标志图形和名称如图 2-3 所示。

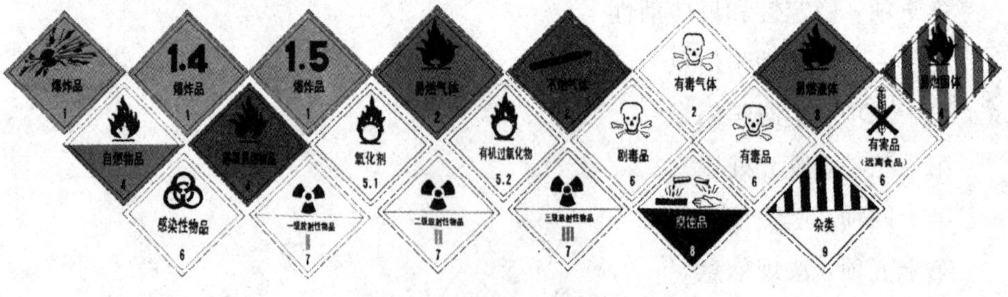

图 2-3　危险化学品标志

2）NFPA 704 四色危害标志

NFPA 标准是美国消防协会（National Fire Protection Association，简称 NFPA）所制定的系列标准，NFPA 704 则是系列标准中针对化学品的一个紧急处理系统鉴别标准。该标准提供了一套简单判断化学品危害程度的系统，并将其用蓝、红、黄、白四色的警示菱形来表示。

警示菱形按颜色分为四部分：蓝色表示健康危害性；红色表示可燃性；黄色表示反应活性；白色用于标记化学品的特殊危害性。前三者根据危害程度被分为 0，1，2，3，4 五个等级，用相应数字标识在颜色区域内，示例如表 2-4 所列。

表 2-4　甲醇的 NFPA 标志

物质名称	危害识别图形	危害种类	危害等级	危害描述
甲醇 67-56-1	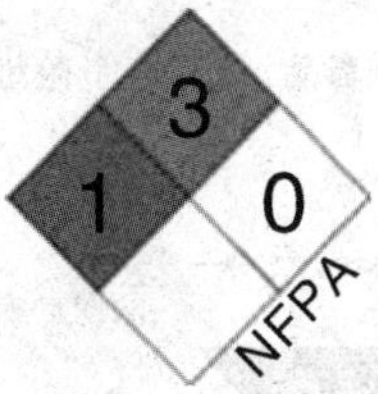	健康危害性	1	紧急情况下，可对人体造成严重刺激性危害
		可燃性	3	各种环境温度下可以迅速被点燃
		反应活性	0	通常情况下稳定，即使暴露于明火中也不反应
		特殊危害性	无	无

3）化学品安全标签

国家标准《化学品安全标签编写规定》（GB 15258—1999）中明确指出，安全标签是用文字、图形符号和编码的组合形式，表示化学品所具有的危险性和安全注意事项；安全标签由生产企业在货物出厂前粘贴、挂拴、喷印在包装或容器的明显位置；若改换包装，则由改换单位重新粘贴、挂拴、喷印。

化学品安全标签内容如下（详见图 2-4）。

第一项：危险化学品及其主要有害组分标识。包括化学品中文和英文的通用名称、分子式、化学成分及组成、联合国危险货物编号和中国危险货物编号（分别用 UNNO 和 CNNO 表示）、标志（采用联合国《关于危险货物运输的建议书》和《化学品分类和危险性公示通则》规定的符号，每种化学品最多可选用两个标志）。

第二项：警示词。根据化学品的危险程度和类别，用“危险”“警告”“注意”三个词分别进行危害程度的警示。

第三项：危险性概述。简要概述化学品燃烧、爆炸危险特性、健康危害和环境危害，居警示词下方。

第四项：安全措施。表述化学品在处置、搬运、储存和使用作业中所必须注意的事项和发生意外时简单有效的救护措施等，要求内容简明扼要、重点突出。

第五项：灭火。化学品为易燃、可燃或助燃物质，应提示有效的灭火剂和禁用的灭火剂及灭火注意事项。

第六项：批号。注明生产日期及生产班次。生产日期用××××年××月××日表示，班次用××表示。

第七项：提示用户向生产销售企业索取安全技术说明书。

第八项：生产企业名称、地址、邮编、电话。

第九项：应急咨询电话。

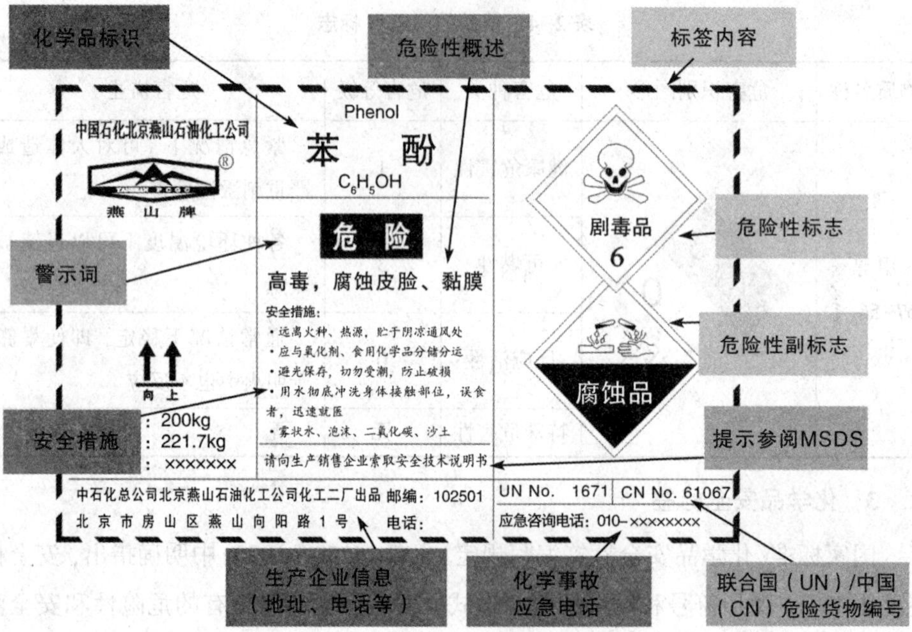

图 2-4 化学品安全标签示例

教学课件 2.5

2.5 危险化学品的管理和使用

安全问题是化学实验中的首要问题，对此，实验室的工作人员必须保持高度警惕，并且掌握正确管理和使用危险化学品的方法；对于危险化学品的购买、存放、管理、使用等各个环节，要严格按照规章制度执行，尽早发现并消除安全隐患，最大限度地避免实验安全事故的发生。

2.5.1 合理购买危险化学品

应根据实验的需求量制订合理的危险化学品购买计划。在购买危险化学品之前，应由实验室负责人和实验室工作人员填写《危险化学品购买申请表》，由所属领导签字许可之后方可购买。对于毒性不大、危险等级不是很高的危险化学品的购买数量限制可以适当放宽。对于毒性很大、危险等级高的危险化学品（特别是剧毒品），应按照实验室需要多少就购买多少的原则进行购买。

2.5.2　合理存放危险化学品

1）存放场所

通常实验室只适合存放少量短期内需要的药品，大量试剂尤其是危险化学品应存放在条件完备的专用药品存放室（如图 2-6 所示），并在存放室内设置专用药品柜。存放室应有坚固的防盗措施、通风装置、窗帘、温度计和湿度计及监控设施。

存放室的照明和电器装置应具有防爆性能，并且是专线专用；安装排风扇，定期换气，每个药品橱柜的通风管道应通向室外，防止因室内药品浓度过大而发生爆炸或药品因空气潮湿而变质；有防泄漏二次容器；有警示标识；有紧急冲淋和洗眼设施；还应安装自动报警装置。存放室内外均应根据所存放的危险化学品特性配备灭火器具，如泡沫灭火器、干粉灭火器或二氧化碳灭火器等，并且要定期检查灭火器的性能，确保其安全有效。此外，还要求实验人员熟练掌握灭火器的性能和操作方法。

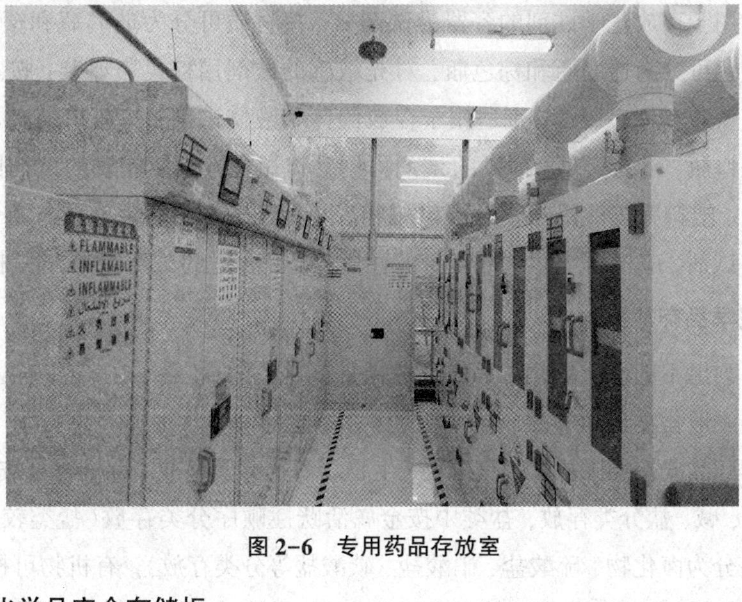

图 2-6　专用药品存放室

2）化学品安全存储柜

国家标准规定易燃易爆腐蚀性化学品要用特殊的防火防爆安全柜存放，不同性质的化学品所存放的柜子颜色也是不一样的。目前实验室用的较多的为全钢结构和 PP（聚丙烯）结构安全柜。

（1）全钢药品存储柜。

① 黄色易燃品存储柜：存放易燃性化学品，一般存储闪点在45℃以下，如汽油、煤油、甲醇、乙醇、丙酮、二甲苯等。

② 红色可燃品存储柜：存放可燃性化学品，一般存储闪点在45℃以上，如柴油、润滑油等。

③ 蓝色弱腐蚀性酸碱存储柜：存放弱腐蚀性化学品或弱酸弱碱，如醋酸、碳酸、硅酸等。

④ 毒性化学品存储柜：主要存放苯类、乙醚、三氯甲烷等有毒物品，制药厂和化工厂常用此类存储柜。

⑤ 药品冷藏柜：主要用于存放药品、生物制剂、疫苗等多功能恒温箱。根据不同需求又分为高温冷藏型、常温冷藏型及低温冷藏型的冷藏柜。防爆冰箱用于在较低温度下存储常温下不易保存、易挥发、易燃易爆的危险化学品。

（2）PP强酸强碱存储柜。

它适用于存放具有强腐蚀性的化学试剂，如浓盐酸、浓硫酸、氢氧化钠、氢氧化钾等强酸强碱类。其柜体上有专业防腐标签，提醒使用者注意操作安全。

3）化学品试剂瓶

一般用于存放化学试剂的容器为试剂瓶，按材质可分为玻璃瓶和塑料瓶。玻璃瓶按颜色可分为透明瓶和棕色瓶，对光敏感的试剂用棕色瓶盛装；按口径大小可分为广口瓶和细口瓶，分别适用于存放固体和液体试剂；按瓶口结构可分为磨口瓶和螺口瓶，不易氧化、挥发的试剂可用磨口瓶储存，易挥发的试剂则使用螺口瓶盛装。塑料瓶按口径可分为小口瓶和广口瓶，小口瓶盛装液体试剂，广口瓶盛装固体试剂。应根据化学试剂自身的性质，选择合适的试剂瓶和方法来储存。

4）化学品存放条件

下面列出不同性质的化学品的存放条件。

（1）一般化学药品的存放。

化学药品要按照无机物、有机物、生物培养剂分类存放。无机物可按单质、氧化物、酸、碱、盐分类存放，盐类中按金属活跃性顺序分类存放（盐类较多时，可按照酸根分为卤化物、硫酸盐、硝酸盐、碳酸盐等分类存放）。有机物可按烷、烯、醛、酮等分类存放。生化类试剂要求低温、干燥储存。

（2）不稳定化学药品的存放。

为防止化学药品在储存的过程中因为保管不当而变质，必须根据药品的不同性质，分别采取相应的措施予以保存。

① 对于挥发性物质（如盐酸、硝酸、氨）、易吸湿药品（如氢氧化钠、无水醋

酸钠、无水氯化钙、氧化钙)、易风化药品(如明矾)、易氧化药品(如硫酸亚铁)和易碳酸化药品(如氢氧化钠)都要密封紧盖，可用石蜡等封口密封并经常检查封口的严密性。

② 白磷在空气中能自燃且有毒，应保存在盛水的塑料瓶内；金属钠则应保存在液体石蜡或煤油中，且应与酸、醇、氧化剂隔离存放。

③ 有些试剂经光照或受热易变质，如浓硝酸、硝酸银、氯化汞、过氧化氢、三氯甲烷和甲醛等，需要用棕色瓶盛装，并存放在阴凉处。

④ 对于氢氧化钠、氢氧化钾、碳酸钠、碳酸钾等碱性溶液必须盛装在带有橡胶塞的玻璃瓶或塑料瓶中，而浓硝酸、浓硫酸等要盛装在带玻璃塞的试剂瓶中。

(3) 有毒有害危险药品的存放。

① 易燃液体、易燃固体应与氧化剂、酸类、易爆炸试剂隔离存放。

② 易燃液体主要是有机试剂，如汽油、苯、甲苯、甲醇、乙醇、乙醚等，其极易挥发成气体，如遇明火就会燃烧，应单独存放在阴凉通风处，要特别注意远离火源。

③ 易燃固体中，无机物如红磷、镁粉、铝粉等，有机物如硝化棉、樟脑等，其着火点都很低，容易着火，应隔开存放。

④ 对于遇水易燃烧的药品，如金属钾、金属钠、电石、锌粉等与水接触就会产生易燃气体，金属钾、金属钠应储存在液体石蜡或煤油里，盛放电石和锌粉的瓶子必须封严密闭、防止受潮。为防止玻璃瓶因气温变化或其他原因碎裂，放有这类试剂的瓶子的三分之二应埋入黄沙内存放。

⑤ 对于易爆品，某些有机化合物如苦味酸、过氧化物、氮的卤化物、亚硝基化合物、叠氮或重氮化合物、乙炔化合物，某些无机化合物如氯酸、过氯酸化合物、红磷、硫黄，必须防止其受热、强震、撞击、摩擦、坠落等，否则会由此引起事故发生。三硝基甲苯、硝化纤维、苦味酸等都是极易爆炸的药品，不可与其他类试剂存放在一起。

⑥ 对于强氧化剂，尤其是具有氧化能力的含氧酸盐或过氧化物如氯酸盐、亚硝酸盐、过氧化钠等，其本身不会燃烧，但在受热、撞击、受强光照射、与还原剂接触或与酸、碱、水发生作用时，就能分解出氧气并产生热量，使可燃物着火燃烧或与可燃物形成爆炸性混合物，极易发生危险，因此必须存放在阴凉通风处，并与还原性物质或可燃物质分开。

⑦ 强腐蚀性药品，如浓酸、浓碱、甲醛、苯酚等，应存放在有塞的细口瓶中；有一定挥发性的药品，应该使用具有磨砂玻璃塞的细口瓶。浓酸、浓碱不要放在高位试剂架上，以防碰翻造成烧伤事故，若量大应放在靠墙的地面上。

⑧ 剧毒药品，如三氧化二砷及砷化合物、汞及汞盐、氰化物、氟化物等，应

锁在危险药品柜内，由双人双锁专人管理。其他如铅盐、锑盐、氯苄、三氯甲烷、四氯化碳等也都有毒，应注意妥善保管。

2.5.3 合理管理危险化学品

1) 危险化学品要双人双锁管理，设立危险化学品使用登记手册

尤其是对于剧毒品、麻醉品和精神类药品等，应建立严格的领取使用登记制度。管理人员要建立危险药品的相关登记册，药品购进后，及时验收、记账；使用后，及时销账，准确掌握药品的去向、使用量和库存量。不随意外借药品，因特殊需要外借药品时，必须经领导批准签字。做到领购手续完善，使用方法规范，处理方法安全，全程有人监护。如有危险化学品撒落，应立即采用科学的方法处理。

2) 加强对火源的管理

危险化学品存放室内部及周围严禁火源。实验室的火源要远离易燃易爆物品，有火源时不能离人。

3) 试剂容器都要有标签

无标签的药品不能随意丢弃，必须送交专门的技术部门或公司进行处理；及时更换字迹不清晰的标签。为防止标签脱落或标签上字迹不清，可用宽透明胶带覆盖标签，或在标签上涂蜡、刷透明漆(短时间内即可用完的药品，其标签可以不做防脱落处理)。

4) 注意化学品存放期间的检查

检查的项目主要有：有无混放的情况；包装是否严密；稳定剂的量是否符合要求；标签是否脱落；试剂是否变质；存放室的温度及湿度是否达标；通风、遮光、灭火设备状态。在炎夏、寒冬季节应每月检查 1~2 次，其他季节应每月检查 1 次，并应设有《检查记录簿》。

2.5.4 合理使用危险化学品

为了确保实验人员的人身安全和实验工作的顺利进行，使用危险化学品时应遵循以下基本原则。

(1) 遵守实验安全操作规程并使用适当的防护用品，如口罩、手套、护目镜、防毒面具、耐酸碱手套、耐酸碱围裙等，参照个人安全防护程序进行选择；防护用品要密闭存放，单独清洗。

(2) 工作结束后、饭前、饮水前及便后，要充分洗净身体的裸露部分。

(3) 皮肤受伤时，要完好地包扎，在保证伤口不会接触到化学品的情况下再进行操作。

(4) 时刻注意防止自我污染，尤其在清洗或更换工作服时更要注意；工作鞋、工作服要定期清洗，避免化学品残留。

(5) 在衣服口袋里不装被污染的东西，如抹布、工具等。

在实验中使用危险化学品还要注意以下几点。

(1) 使用易爆化合物、易燃物时应格外小心，轻拿轻放，避免摩擦、撞击和震动。易燃易爆场所禁止使用明火，如果确实需动用明火，如进行烧焊等，事先要得到批准，并做好充分的防范措施；不要穿化纤衣服或带铁钉的鞋。

(2) 强氧化剂与某些药品的混合物(如氯酸钾与红磷的混合物)易发生爆炸，使用和保存时应注意安全。

(3) 有机溶剂(乙醚、乙醇、苯、丙酮等)易燃，使用时一定要远离火源，用后应把瓶塞盖严，放到阴凉的地方。一旦因有机溶剂而引起着火，应立即用沙土或灭火毯将火扑灭；火势较大时，可用灭火器，但不可用水扑救。

(4) 使用有毒试剂时要严格按规程操作，实验前必须有预防措施，加强个人防护，个人防护品不得带出实验室；实验过程中所有接触过剧毒化学品的容器、手套不得随意放置，要严格清洗，废液回收处理，注意消除二次染毒源。原料为剧毒品或产品为剧毒品的化学实验，均应有专门的实验记录并保存一年以上。

(5) 腐蚀品在使用前要熟悉其化学特性，做好个人防护。对于凝固点比较低的冰醋酸、苯酚等，冬季取用时，切不可采用直接加热融化的方式。稀释浓硫酸时，切忌将水倾倒入浓硫酸中，以免喷溅伤人。废酸应倒入指定的容器中，注意不能向盛有废酸的容器中倒碱液，以免发生酸碱中和反应，放出大量的气体和热量而发生危险。

(6) 实验中使用或产生具有刺激性、恶臭或有毒的气体(如硫化氢、氯气、一氧化碳、一氧化氮、二氧化硫、液溴等)或能产生这些气体的化学反应，能产生氟化氢(HF)的化学反应，使用有机溶剂的化学反应等，都应在通风橱内进行。

(7) 当大量有机溶剂不慎溅洒在实验台面或实验室地面时，应立即关闭实验室电源总开关和煤气总开关，打开门窗通风，严禁室内及室外相关区域有明火。

(8) 在任何有放射性污染或危险的场所，都必须穿工作服、戴胶皮手套、穿鞋套、戴面罩和护目镜。在有吸入放射性粒子危险的场所，要携带氧气呼吸器。

(9) 实验人员结束一个阶段的研究工作后，必须在离岗前清理所用的化学试剂和配制的溶液，做好处理和移交工作。

安全隐患查找练习

思考题

(1) 有毒化学品进入人体的途径有哪些？

(2) 危险化学品可分为几大类？

(3) 哪些化学结构容易导致物质爆炸？

(4) 气体的危险特性有哪些？

(5) 氧化性物质着火如何灭火？

(6) 毒性物质的判定标准和依据是什么？

(7) 影响中毒的因素有哪些？

(8) 电离辐射强度如何度量？

(9) 实验室中降低放射性伤害的措施有哪些？

(10) 危险化学品的标志图形由哪些部分组成？

(11) 使用危险化学品的基本原则有哪些？

第 3 章

实验室设备使用安全

化学实验中经常会使用到多种实验装置，在正确操作并精心维护的条件下，这些仪器是不具备危险性的，但是如果对仪器操作不当或维护不当，这些仪器便会给实验室带来极大的安全隐患。应注意的是，装置所需的能量越高，它的危险性就越大。因此，在使用高温、高压、高速、强磁及高负荷之类的装置时，必须做好充分的防护措施，谨慎地进行操作。

3.1　高压装置

教学课件 3.1

在化学实验室中，常用的高压装置包括实验室小型高压釜、高压储气瓶和一般受压的玻璃仪器。相较于常规容器，这些压力容器具有较大的危险性，其易引发的事故包括由气体、液体的压力所造成的伤害，以及由此引发的火灾、爆炸等事故。因此，学习并掌握高压装置的安全知识与相关操作是十分必要的。

3.1.1　高压反应釜

在实验室的高压实验中使用最广泛的是小型高压反应釜。高压反应釜除高压容器主体外，往往还与压力计、高压阀、安全阀、电热器及搅拌器等附属器械构成一个整体。在使用高压釜时，应注意以下几点。

（1）在反应釜中做不同介质的反应，应首先查清介质对主体材料有无腐蚀。对瞬间反应剧烈、产生大量气体或高温、易燃易爆的化学反应，以及超高压、超高温或介质中含氯离子、氟离子等对不锈钢腐蚀严重的反应需要特殊定货。

（2）装入反应介质时液面应不超过实验室反应釜釜体的 2/3。

（3）运转时如搅拌内部有异常声响，应停机放压，检查搅拌系统有无异常情况；定期检查搅拌轴的摆动量，如摆动量太大，应及时更换轴承或轴套。

（4）高压釜要在指定的地点使用，并按照使用说明进行操作。

(5) 查明刻于主体容器上的试验压力、使用压力及最高使用温度等条件，要在其容许的条件范围内进行使用。压力计所使用的压力最好在其标明压力的1/2以内，同时应经常将压力计与标准压力计进行比较并加以校正。放入高压釜的原料不可超过其有效容积的1/3。

(6) 盖上盘式法兰盖时，要将位于对角线上的螺栓一对一对地依次同样拧紧。

(7) 做好维护保养工作，高压釜内部及衬垫部位要保持清洁。高压釜的使用安全与其维护保养工作密切相关。维护保养的目的在于提高设备的完好率，使其能保持在稳定状态下完好地运行，从而提高使用效率，延长使用寿命。

(8) 为确保高压釜的正常运行，要对其进行定期检验，即在其设计使用期限内，每隔一定的时间对其承压部件和安全装置进行检查或检验。要使用经过定期检查并符合规定要求的器械。

(9) 要对高压釜进行档案管理，对其设计、制造、使用和检修的全过程做好文字记录；每次使用必须进行登记，以记录仪器的运行情况，从而保证高压釜的可靠运行。

3.1.2 高压储气瓶

为了使用方便，通常将气体压缩存储于瓶中，这种瓶称为储气瓶，简称气瓶。《气瓶术语》(GB/T 13005—1991)中将气瓶定义为公称容积不大于1000 L，用于盛装压缩气体的可重复充气而无绝热装置的移动式压力容器。

瓶装气体可分为单一气体、混合气体和特种气体三大类，其中单一气体又可分为永久性气体、液化气体和溶解气体三类，实验室中通常使用的是前两种类型的气瓶。从结构上看，气瓶大致可分为无缝气瓶和焊接气瓶两类。实验室中所用的气瓶，多数为底部呈凹形的无缝气瓶。绝大多数气瓶是钢质的，即钢瓶，但也有铝合金气瓶、铜合金气瓶、镍合金气瓶及复合材料气瓶。

1) 气瓶的安全附件

除瓶体结构外，气瓶还包括安全泄压装置、防震圈、瓶帽、瓶阀等安全附件。

(1) 安全泄压装置。

安全泄压装置包括爆破片、易熔塞及爆破片、易熔塞复合装置三种类型。安全泄压装置装在瓶阀上，其爆破压力略高于瓶内气体的最高升温压力，用来防止气瓶在遇到火灾等特殊高温时，瓶内气体受热膨胀而发生破裂、爆炸。

(2) 防震圈。

防震圈是气瓶瓶体的保护装置，防止气瓶在充装使用、搬运过程中因滚动、震动、碰撞而损伤瓶壁，发生脆性破坏。

(3) 瓶帽。

瓶帽是瓶阀的防护装置，它可避免气瓶在搬运过程中因碰撞而损坏瓶阀，保护出气口螺纹不被损坏，并防止灰尘、水分或油脂等杂物落入阀内。

(4) 瓶阀。

瓶阀是控制气体出入的装置，一般用黄铜或钢制造。盛装可燃气体的气瓶瓶阀，其出气口螺纹为左旋；盛装助燃和不可燃气体的气瓶瓶阀，其出气口螺纹为右旋。瓶阀的这种结构可有效防止可燃气体与非可燃气体的错装。

2) 气瓶减压阀

(1) 定义。

气瓶的减压阀是将气瓶内的高压气体任意调节减至实用压力，以供使用的气瓶减压装置。它通过专用阀门来调节压力与流速。

(2) 结构及工作原理。

减压阀的高压腔与钢瓶连接，低压腔为气体出口，并通往使用系统。使用时先打开钢瓶总开关，然后顺时针转动低压表压力调节螺杆，使其压缩主弹簧并传动薄膜、弹簧垫块和顶杆而将活门打开。这样进口的高压气体由高压气室经节流减压后进入低压气室，并经出口通往工作系统。氧气减压阀的结构原理如图 3-1 所示。

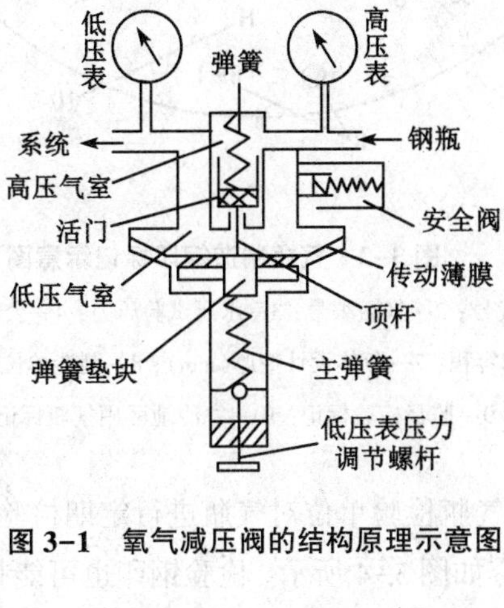

图 3-1　氧气减压阀的结构原理示意图

(3) 使用注意事项。

① 高压气瓶上选用的减压阀要分类专用，不可混用。可燃性气瓶(如氢气瓶、乙炔气瓶)的连接螺丝为反丝，不燃性或助燃性气瓶(如氮气瓶、氧气瓶)的连接螺丝为正丝。

② 开、关减压阀和气瓶总阀时，动作必须缓慢。使用时应先开气瓶总阀，后

开减压阀；使用完毕后要先关闭气瓶总阀，放尽余气后，再关减压阀。

3）气瓶的标识

（1）气瓶的钢印标记。

气瓶的钢印标记是识别气体的依据，包括制造钢印标记和检验钢印标记两种。钢印标记必须准确、清晰、完整，以永久标记的形式打印在瓶肩，其位置如图3-2所示。

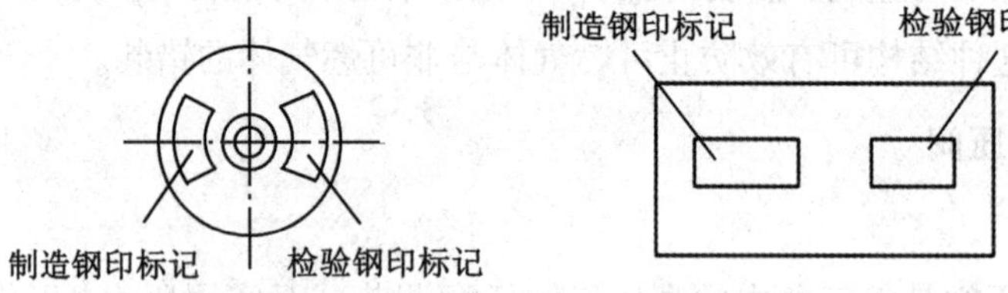

（a）钢印标记在瓶肩　　（b）钢印标记在护罩

图3-2　气瓶钢印标记位置

① 制造钢印标志：气瓶的原始标记，由生产厂家刻印在气瓶肩部的永久性标志，内容如图3-3所示。

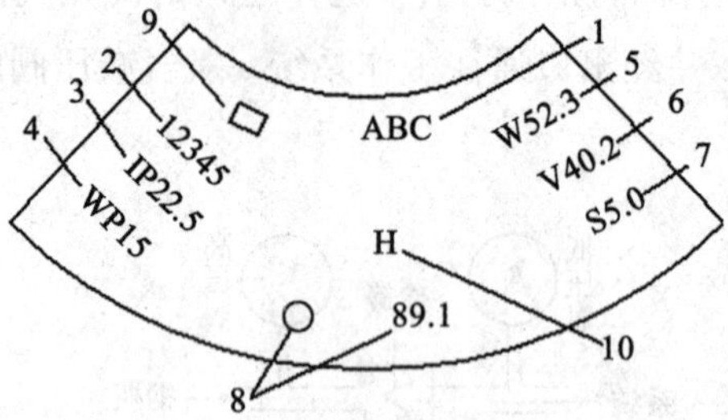

图3-3　气瓶制造钢印标记示意图

1—气瓶制造单位代号；2—气瓶编号；3—水压试验压力；4—公称工作压力(MPa)；5—实际质量；6—实际容积；7—瓶体设计壁厚(mm)；8—制造单位检验标记和制造年月；9—监督检验标记；10—寒冷地区用气瓶标记

② 检验钢印标记：气瓶检验单位对气瓶进行定期检验后，刻印在气瓶肩部的另一种永久性标志，内容如图3-4所示。检验钢印也可能打在金属检验标志环上。需要特别注意“下次检验日期”，以防气瓶超期使用。

(2)气瓶的颜色标记。

气瓶的颜色标记是指对在气瓶外表面涂敷的字样内容、色环数目和涂膜颜色，按充装气体的特性作规定的组合。它是识别充装气体的标志，不仅可以防锈，还可以有效防止不同性质的气瓶混放。我国常见气瓶颜色标记如表3-1所列。

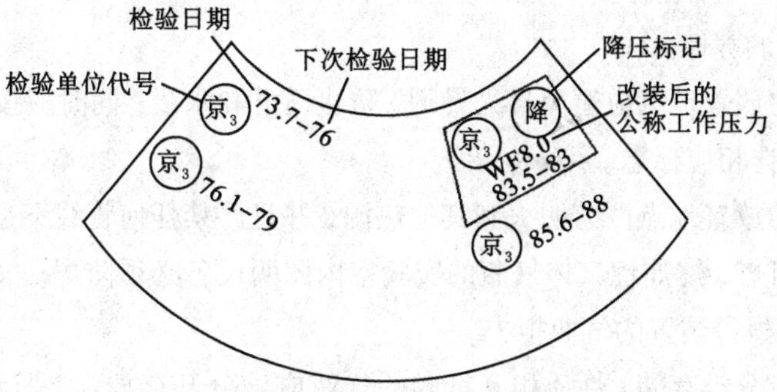

图 3–4　气瓶检验钢印标记示意图

表 3–1　我国常见气瓶颜色标记

充装气体名称	化学式	瓶色	字样	字色
乙炔	C_2H_2	白	乙炔不可近火	大红
氢气	H_2	淡绿	氢	大红
氧气	O_2	淡(酞)兰	氧	黑
氮气	N_2	黑	氮	淡黄
空气		黑	空气	白
二氧化碳	CO_2	铝白	液化二氧化碳	黑
氨气	NH_3	淡黄	液氨	黑
氯气	Cl_2	深绿	液氯	白
氦气	He	银灰	氦	深绿
氩气	Ar	银灰	氩	深绿
甲烷	CH_4	棕	甲烷	白

4）气瓶的使用安全

（1）气瓶的运输及搬运。

在运输中应避免气瓶跌落、撞击、受热、沾污和损坏。卸车时应在气瓶落地点铺上软垫或橡胶皮垫，逐个卸车，严禁溜放；搬运前应给瓶嘴戴上安全帽，以防摔断瓶嘴发生事故；移动气瓶时应用手搬瓶肩来转动瓶底，移动距离较远时可用轻便小车运送，严禁抛、滚、滑、翻、肩扛、脚踹。

（2）气瓶的检查。

使用前应对气瓶进行检查，确认气瓶和瓶内气体质量完好、气瓶的使用状态（满瓶、使用中、空瓶）后方可使用。如发现气瓶颜色、钢印等辨别不清、检验超期、气瓶损伤（变形、划伤、腐蚀）、气体质量与标准规定不符等现象，应拒绝使用并做妥善处理。

(3) 气瓶的存储。

气瓶库房

① 气瓶的放置地点应避免日光暴晒，防止雨淋和水浸，同时应按规定安装气体报警器、悬挂相应标志。

② 气瓶的放置地点严禁明火和其他热源，并且严禁任何管线穿过。

③ 存储可燃、爆炸性气体气瓶的实验室内照明设备必须防爆。气瓶须放入配有自动检测与报警装置的气瓶柜中。

④ 气瓶应分类存储，性质相互抵触的气瓶应该分开存放：空瓶和满瓶分开；氧气或其他氧化性气体应与燃料气瓶和其他易燃材料分开；等等。

(4) 气瓶的使用。

气瓶安全隐患查找

① 使用气瓶时，应将气瓶立放，必须用铁环等固定器材将气瓶固定在稳固的支架、实验桌或墙壁上；不要放在容易跌落或者容易受到外来撞击的地方。

② 使用易燃气体气瓶和氧气瓶时，与明火的距离一般不应小于 10 m，实在难以达到 10 m 时，应保证不小于 5 m，并且应该采取防护措施。氢气瓶最好放在远离实验室的小屋内，然后用专门的导管(严防漏气)引入，并加装防止回火的装置。盛装易起聚合反应或分解反应的气体的气瓶，应避开射线、电磁波等放射线源和振动源。采暖期间，气瓶和暖气片的距离应该不小于 1 m。

③ 使用氧气瓶时，氧气瓶及其专用工具严禁沾染油脂。使用者的手上、衣服上或工具上沾有油脂时，禁止接触氧气瓶。高压氧气一旦与油脂相遇会燃烧，甚至引起爆炸。

④ 气瓶的减压阀要专用，安装时螺扣要上紧，不得漏气。使用人员在开、闭气瓶的瓶阀时，应该站在气阀接管的侧面，使用适当的工具慢开、慢闭，以减少气流摩擦，防止产生静电。注意操作顺序，开启瓶阀应轻而缓，关闭瓶阀应轻而严，不能用力过大，防止关得太紧、太死。

⑤ 气瓶的气体冻结时，应该把气瓶移到较暖的地方去，严禁用火烘烤；严禁在气瓶上进行电焊引弧，不得进行焊接修理。

⑥ 要保护瓶外油漆防护层，它可以防止气瓶的误用和混装。瓶帽、防震圈、瓶阀等附件都要妥善维护、合理使用。

⑦ 气瓶内的气体不应全部用尽，必须留有剩余压力或重量。永久气体气瓶的剩余压力应不小于 0.05 MPa；液化气体气瓶应留有不少于 0.5%～1.0%规定充装量的剩余气体，并标上"用完"的记号。

⑧ 气瓶在使用中发生故障，应立即采取妥善措施处理，不要继续冒险使用。气瓶使用完毕，要送回气瓶库或妥善保管。

为了保证安全，各种气瓶必须定期送至指定部门进行技术检查。如果对气瓶质量有怀疑，应该提前进行检查；库存和使用时间超过一个检验周期的气瓶，启用前应进行检验。气瓶除了有检验周期外，还有使用年限。不同气瓶的检验周期、使用年限也不同，如表 3-2 所列。

表 3-2　不同气瓶的检测周期和使用年限

气瓶	气体	检验周期	使用年限
钢瓶 无缝气瓶 （高压）	活性气体：氧气、氢气	3 年	30 年
	惰性气体：氮气、氩气	5 年	30 年
	甲烷	3 年	30 年
	腐蚀性气体：二氧化硫、硫化氢、二氧化氮	2 年	12 年
钢瓶 焊接钢瓶 （低压）	一般性气体：无腐蚀性气体	3 年	20 年
	腐蚀性气体：氯气、液氨	2 年	12 年
	溶解乙炔、丙烷	3 年	20 年
	液化石油气、液化天然气	3 年	15 年
铝瓶 铝合金无缝气瓶	标准气	3 年	20 年
低温瓶 绝热焊接瓶	液氧、液氮、液氩	3 年	20 年
液氮生物容器	液氮	3 年	5 年以上

3.1.3　受压下的玻璃仪器

受压下的玻璃仪器包括供高压或真空实验用的玻璃仪器和装液态空气、液态氮气及液态氧气的杜瓦瓶等。使用受压下的玻璃仪器时应注意以下几点。

减压蒸馏装置

（1）受压下的玻璃仪器的器壁应足够坚固，不能用薄壁材料或平底烧瓶之类的器皿。

（2）使用高真空玻璃系统时，在开启或关闭活塞时，应两手进行操作——一手握活塞套，一手缓缓旋动内塞；确保玻璃系统各部分不产生力矩，以防折裂；任何一个活塞的开闭，都要避免影响系统的其他部分，禁止形成高温爆鸣气混合物或爆鸣气混合物进入高温区。

（3）负压下的玻璃容器或系统，在拆卸或打开之前，必须冷却至室温，并且小心缓慢地放入空气。

（4）供气流稳压用的玻璃稳压瓶，其外壳应用布套或细网套包裹。

教学课件 3.2

3.2 高温、低温及加热装置

在化学实验中，经常会用到如电炉、冷肼、高低温循环泵、加热套等高温、低温、加热装置，并且常常需要高压、低压等操作条件。在这样的条件下进行实验，如果操作错误，除发生烧伤、冻伤等事故外，还会引起火灾或爆炸等危险。因此，操作这类装置时必须十分谨慎，严格遵守操作规程，防止事故的发生。

3.2.1 高温设备使用安全

实验室常用的高温设备包括马弗炉、管式炉、电烘箱等。

电炉及操作

1）马弗炉(箱式电阻炉)

马弗炉是一种用电热丝或硅碳棒加热的高温炉，温度可调，炉膛用耐高温材料制成，电热丝炉温度可达950℃，碳硅棒炉的温度一般可达1300℃，常用于称量分析中的灼烧沉淀、测定灰分等工作。使用马弗炉时，待加热的物质不可直接放在炉膛内，必须放在耐高温的坩埚中。

2）管式炉

管式炉有一个管式炉膛，利用电阻丝或硅碳棒加热，温度可调，炉膛中可插入一个耐高温的瓷罐或石英管，管中再放入盛有反应物的磁舟，反应物可在空气或其他气氛中受热。

马弗炉和管式炉均属于高温电炉，使用注意事项如下：

(1) 使用时必须放置在稳固的工作台上，要经常照看，防止自控失灵，造成电炉丝烧断等事故。晚间无人值守时，切勿启用。

(2) 查明电炉所需电源电压，配置功率合适的插头、插座和保险丝，并接好地线，避免危险。使用前在地上铺一块厚胶皮布，这样操作时较安全。

(3) 高温实验过程中，燃烧皿、磁舟等一定要用坩埚钳拿取，灼烧后的灰皿、磁舟等取出后应放在耐高温材料上，切忌用手拿放。加热时，炉外套也会变热，应使炉子远离易燃物，并保持炉外易散热。

(4) 灼烧完毕后，应先拉下电闸，切断电源；但不应立即打开炉门，以免炉膛骤然受冷碎裂。一般可先开一条小缝，让其降温快些，最后用长柄坩埚钳取出被烧物件。

(5) 炉膛内要保持清洁，炉子周围不要堆放易燃易爆物品。

(6) 高温炉不用时，应切断电源、关好炉门，防止耐火材料受潮气侵蚀。

3）烘箱

烘箱是常用的加热干燥设备，实验室常见烘箱为电热烘箱和红外干燥箱，其中电热烘箱采用电加热方式进行干燥，又分为鼓风干燥箱和真空干燥箱两种。

烘箱及操作

（1）鼓风干燥箱。

鼓风干燥箱利用箱体鼓风循环带动空气流动，可对物品进行烘焙、干燥、溶解、消毒等，分为台式鼓风干燥箱与立式鼓风干燥箱。

（2）真空干燥箱。

真空干燥箱利用真空泵将箱内的空气抽出，使箱内保持一定的真空度，并能够向箱内充入惰性气体，主要用来干燥物品，特别适合干燥热敏性、易分解、易氧化物质，以及对复杂成分物品进行快速、高效的干燥处理。

（3）远红外干燥箱。

远红外干燥箱利用了高效、节能的远红外加热新技术，远红外元件被加热后能辐射波长为 2~15 μm 的远红外线，当它被加热物体吸收时可直接转变为热能，从而快速干燥样品。

烘箱属于大功率高温设备，使用注意事项如下。

① 因烘箱属于大功率高温设备，使用时要注意安全，防止发生火灾、触电及烫伤等事故。

② 严禁将具有易燃易爆、酸性、挥发性等性质的物质放入烘箱。

③ 为防止烫伤，取放物品要戴手套等专门工具。

④ 干燥玻璃仪器时应先将其沥干，无水滴下时才能放入烘箱。

⑤ 使用真空干燥箱时加热应缓慢，加热后的真空干燥箱应该冷却到室温后再解除真空；解除真空应缓慢进行，防止样品飞溅。

⑥ 使用远红外干燥箱时注意不要碰触红外灯泡；此外，还要防止液体飞溅到灯泡上。

⑦ 烘箱加热时，实验室必须有人值班，要随时观察温度，防止因温度突然失控而引发火灾。

3.2.2 低温设备使用安全

在化学实验中，获得低温的方式一般有使用循环冷却器、冷冻机、冷冻剂及低温液化气体等。

1）低温循环泵

低温循环泵一般需要加入循环介质（如水、工业酒精等），液面应没过制冷盘管，通过制冷盘管降低温度，由水泵加压后供给冷却设备循环使用。它主要用于实验室精密仪器的降温，如X射线衍射仪、扫描电镜、透射电镜等。

低温循环泵使用注意事项如下：

(1) 在不影响仪器的安全性能和使用性能的温度、湿度条件下使用。

(2) 浴槽注入浴液(循环介质)后严禁随意搬动仪器或使仪器倾斜，避免浴液浸入机件损害机件或造成危险。

(3) 仪器散热孔四周应留有足够的空间且防尘良好；仪器应远离暖气设备并避免日光直射。

(4) 必须使用洁净的浴液，防止泥沙等异物进入冷却系统或液体泵。

(5) 不得在有易燃易爆气体和强腐蚀气体的环境中工作。

2) 冷冻机

冷冻机是利用压缩机原理获得低温的设备。在实验室中常见的冷冻设备有药品阴凉柜、药品冷藏箱、冰箱、低温/超低温冰箱等。

冷冻机使用注意事项如下。

(1) 保存化学试剂的冰箱(柜)应安装内部电器保护装置和防爆装置，最好使用防爆冰箱。

(2) 禁止把食物放在保存化学试剂的冰箱(柜)内。

(3) 应该定期擦洗冰箱(柜)、清理药品。

3) 冷冻剂

(1) 冰盐冷冻剂。

采用冰水混合物为介质来降低温度是实验室最常用、最方便的冷却方式，但单纯的冰水混合物仅能获得0℃左右的温度。如果需要将系统的温度降到0℃以下，可以采用冰和无机盐的混合物为介质。将碎冰与不同比例、不同种类的无机盐混合，可获得不同的低温环境，如表3-3所列。

(2) 干冰冷冻剂。

干冰即固态的二氧化碳，是一种比冰盐更好的制冷剂。利用干冰可以产生-78℃的低温，而且干冰融化时，不会像冰那样变成液体使冷藏物品受潮或污损。干冰的导热能力很差，获得低温时需将它混合在一种适当的液体中使用，如乙醇、丙酮等，混合液体不同，得到的温度也不同，如表3-3所列。

表 3-3　常用冷冻剂的组成及冷却温度范围　　单位：℃

冷冻剂	冷却温度	冷冻剂	冷却温度
冰-氯化钠(3∶1)	-5~-20	干冰	-60
冰-氯化铵(10∶3)	约-15	干冰-乙醇	-72
冰-硝酸钠(5∶3)	-13~-20	干冰-丙酮	-78
冰-六水氯化钙(10∶3)	-40~-50	干冰-乙醚	-100

冷冻剂使用注意事项如下：

① 对于冰盐冷冻剂，无论用哪一种冷冻混合物，先决条件是必须将冰和盐很好地粉碎，而且要混合均匀。

② 干冰与某些物质混合，能得到-80~-60℃的低温。与干冰混合的物质一般为丙酮、乙醇等有机溶剂，因此要有防火安全措施。

③ 干冰极易挥发，升华为无毒、无味、比固体体积大 600~800 倍的气体，所以干冰不能储存于完全密封的容器中。

④ 避免身体接触经干冰冷冻剂冷却的容器，因为皮肤容易被粘冻于容器上，从而导致冻伤。

4）低温液化气体

低温液化气体汽化时会吸收大量的热从而达到制冷的目的。使用低温液化气体作冷冻介质可以获得比干冰更低的温度，如液氦的温度为-269℃、液氮的温度为-196℃。

氦气资源非常稀缺，所以大部分使用液氦的场合，都是封闭式制冷系统；氦是要反复使用的，如超导核磁共振波谱仪内部的超导永磁体的冷却。氢的液化温度为-252℃，这个温区也是有需求的，氢气也不算昂贵，但由于其化学性质极其活泼，极易爆炸，因此极少专门用来冷却，通常和液氧一起用于大推力火箭的燃料。液氮温度为-196℃，同时又非常容易获取，因此被广泛用于高校实验室、医院等。实验室所用的液氮通常由专业生产厂家提供。液氮在运送、转移时，通常被灌装在金属杜瓦罐(液氮罐)中，使用时可直接将液氮从液氮罐倒入开口容器中。

低温液化气使用注意事项如下：

(1) 初次使用时，必须要在有经验的人员指导下进行。要求熟练使用低温液化气体及熟练操作含低温液化气体的装置，一般要由两人及以上进行实验。

(2) 要穿防护衣，戴防护面具或防护眼镜、皮手套等防护用具，避免液化气体直接接触皮肤、眼睛、手、脚等部位。

(3) 使用低温液化气体的实验室，要保持通风良好。实验的附属用品要固定起来。

(4) 普通金属在低温时容易变脆，要使用铝铜或不锈钢等在低温下不易变脆的金属，或者使用聚四氟乙烯、尼龙、酚醛树脂等非金属材料作为容器。

(5) 液化气体的容器要放在没有阳光照射、通风良好的地方。处理液化气体容器时，要轻快、稳重；液化气体不能放入密闭容器中；装液化气体的容器必须设有排气口，用玻璃棉等物质做塞子，以防着火和爆炸。

(6) 如果液化气体沾到皮肤上，要立刻用水洗去；沾到衣服时，要马上脱去衣服；严重冻伤时，要请专业医生治疗。如果实验人员出现窒息，要立刻将其移到空气新鲜的地方进行人工呼吸，并抓紧时间拨打急救电话。

3.2.3 加热设备使用安全

1）电热板

电热板是化学实验中最常用的一种电加热设备，实际上就是一个封闭的电炉，一般外形为长方形，可调节温度实现恒温加热，板上可同时放置比较多的加热物体，而且没有明火，具有性能稳定、使用灵活、可靠性高、维护简单等优点。

2）电加热套

电加热套
及操作

电加热套是加热圆底烧瓶进行蒸馏的专用设备，外壳做成半球形，内部由电热丝、绝缘材料和绝热材料等组成。根据烧瓶大小选用合适的电加热套，使用时常连接自耦调节器，以调节所需温度。

电热板、电加热套的使用注意事项如下：

(1) 电加热套最高加热温度可达 400℃。使用该类电热器件必须注意，电热板持续使用工作温度应低于 240℃，瞬时温度不超过 300℃。

(2) 电源电压应与电热板和电加热套本身规定的电压相符，电源插座应采用三孔安全插座，并安装地线。

(3) 使用过程中应防止加热介质溢出器皿，损坏电器。

(4) 使用中如出现故障应切断电源再进行检修。

(5) 电热套内严禁滴入水或有机溶剂，防止电器短路。

(6) 禁止空烧。

3）电热恒温水(油)浴锅

电热恒温水(油)浴锅常做蒸发和恒温加热用，有单孔和多孔两种。电热恒温水(油)浴锅一般都采用水槽式结构，分内外两层，内层用铝板或不锈钢板制成内胆；胆内底部设有电热管和托架；电热管是铜质管，管内装有电炉丝并用绝缘材料包裹，有导线连接温度控制器；外壳用薄钢板制成，外壳与内胆之间填充石棉等绝热材料。温度控制器的全部电器部件均装在水(油)浴锅右侧的电器箱内，控制器所带的感温管则插在内胆中；电器箱表面有显示和操作面板。水(油)浴锅左下侧有放水(油)阀门。

水浴锅使用注意事项如下：

(1) 切记水位一定保持不低于电热管，否则将立即烧坏电热管。

(2) 控制箱内部不可受潮，以防漏电和损坏控制器。

(3) 使用时应随时注意水箱是否有渗漏现象。

油浴锅使用注意事项如下：

(1) 在向油浴锅内注入液体时，要控制液位，严防过量溢出；夏天室内与室外温差大，当实验温度达到300℃时，液位应控制在容积的80%左右。

(2) 禁止使用可燃性、挥发性高的油，所使用的油要根据温度和实验要求来定；温度低的用甘油，温度高的用棉籽油。

(3) 油浴锅不要在换气差的场所使用，远离火源、易产生火花地点，以免引发火灾。

(4) 禁止无油的情况下空烧，会引起漏电，烧坏加热管，甚至发生火灾。禁止用湿手在湿气过多的地方进行操作，有漏电、触电的危险；电源必须使用接地插头。

3.3 机械装置

教学课件 3.3

化学实验室中常见的机械装置有搅拌器、机械真空泵、电动离心机等。机械装置容易引发由机械力造成的事故，操作时必须谨慎。

3.3.1 搅拌器使用安全

搅拌器是化学实验必不可少的仪器之一，它可使反应混合物混合得更加均匀，使反应体系的温度更加均匀，从而有利于化学反应的进行，尤其是非均相反应。实验室常用的搅拌器主要有电磁搅拌器和电动搅拌器两种。

1) 电磁搅拌器

电磁搅拌器是一个微型马达带动一块磁铁旋转，通过吸引托盘上装溶液的容器中的搅拌子进行圆周运转，达到搅拌溶液的目的。它适用于搅拌或加热、搅拌同时进行，也适用于黏稠度不是很大的液体或者固液混合物的搅拌。

电磁搅拌器使用注意事项如下：

(1) 搅拌的容器置于托盘的中央，选择合适的搅拌子放入溶液即开始搅拌；

搅拌子应在容器中央，不应碰到容器壁。

（2）加热时间一般不宜过长，间歇使用延长寿命，不搅拌时不加热。

（3）保持容器外壁干燥；转速不要过快，以免溶液外溅、腐蚀托盘。

（4）用完应及时切断电源。

2）电动搅拌器

电动搅拌器通过电机驱动电刷实现搅拌，多用在有机实验中。它适用于实验室低至中、高黏度液体的混合搅拌，但不适用于过黏的胶状溶液。随着使用次数的增加，电刷会磨损，需要在使用一段时间后检查、更换。

电动搅拌器及操作

电动搅拌器使用注意事项如下：

（1）搅拌器使用时一定要接地线。

（2）通电搅拌前，一定要先用手试转动一下，查看转动是否灵活。开始搅拌时，转速一定要从“零”开始，再慢慢增加。

（3）使用时如发现搅拌棒不同心、搅拌不稳的现象，请关闭电源，调整支架与夹子，使搅拌棒同心。

（4）停止搅拌时，转速一定要归“零”，防止通电时因突然快速转动而打碎容器，发生事故。

（5）搅拌过程中必须有人值守，防止转速突然失控而发生事故，或搅拌阻力过大烧坏电机。

3.3.2　机械真空泵使用安全

机械真空泵是用来抽取空气、提供真空环境的实验室常用仪器，相比于水泵，它可以获得更高的真空度。当前，机械真空泵在实验室的应用越来越广泛，因为它不是一个单一的设备，而是可以和其他设备配套使用，如真空抽滤机、废液抽取机、旋转蒸发仪、真空干燥箱、冻干机等。实验室常用的机械真空泵有循环水式真空泵和旋片式真空泵（油泵）两种。

离心机及操作

1）循环水式真空泵

循环水式真空泵是一种粗真空泵，它所能获得的真空极限为 2000～4000 Pa，串联大气喷射器可达 270～670 Pa。它利用循环水作为工作流体，通过泵腔容积的变化来实现吸气、压缩和排气，是一种离心式机械泵。

循环水式真空泵使用注意事项如下：

（1）使用时将仪器平放于工作台上，打开水箱盖注入清洁的凉水，当水面即将升至水箱后面的溢水嘴下方高度时停止加水。重复开机时，检查水位即可，水位不够再加水。

(2) 抽真空时，将需要抽真空的设备的抽气管套紧密地接至抽气嘴上，检查循环水开关应保持关闭，接通电源，打开电源开关即可开始抽真空，通过与抽气嘴对应的真空表可观察真空度。

(3) 真空泵在使用中应注意观察真空表盘，如不正常，应立即停止使用。

(4) 当需要为反应装置提供冷却循环水时，将进水、出水管分别接到循环真空泵的出水、进水嘴上，打开循环水开关，即可实现循环冷却水供应。

2) 旋片式真空泵(油泵)

旋片式真空泵俗称油泵，是一种油封式机械真空泵，在实验室中应用较多。其作业压强范围为 $1.33\times10^{-2}\sim1.01\times10^{5}$ Pa，属于低真空泵。它可以单独使用，也可以作为分子泵或离子泵等高真空泵的前级泵。

油泵使用注意事项如下：

(1) 打开油泵前，先检查泵内油的液面是否在油孔的标线处。若油过多，在运转时会随气体由排气孔向外飞溅；若油不足，泵体不能完全浸没，达不到封闭和润滑作用，对泵体有损坏。

(2) 油泵由电动机带动，使用时应使电源电压与电动机要求电压相符。

(3) 油泵不可直接抽可凝性蒸气。

(4) 油泵运转时要注意电动机的温度，不可超过规定温度(一般为 65℃)。

(5) 停泵前，应使泵的进气口先通入大气后再切断电源，以防泵油返压进入抽气系统。

(6) 应定期清洗油泵进气口处的细纱网，以免固体小颗粒落入泵内，损坏泵体；使用半年或一年后必须换油。

3.3.3 离心机使用安全

实验室离心机是利用旋转转头产生的离心力，使悬浮液或乳浊液中不同密度、不同颗粒大小的物质分离开来，或在分离的同时进行分析的仪器。离心机的旋转转头有角转头和水平转头两种。离心分离的效率主要取决于所产生的离心力的大小，而离心力的大小则取决于沉淀物的质量和电动机的转速。按转速的不同可对离心机进行分类，如表 3-4 所列。

表 3-4　离心机的分类

转速/($r \cdot min^{-1}$)	离心机
小于 10000	低速离心机
10000~30000	高速离心机
大于 30000	超高速离心机

目前实验室多采用小型高速离心机来完成离心分离。高速离心机和超高速离心机属于高速运行的机械设备，使用不当则可能造成事故。

高速离心机和超高速离心机使用注意事项如下：

(1) 选择合适的转头和离心管。

(2) 离心管要对称放置。当管为单数不对称时，应再加一管装相同质量的水调整对称。对于高速和超速离心机，不仅要求重量平衡，而且要求配平液的密度与离心液的密度相等，以达到力矩平衡。

(3) 离心管盛液不宜过满，避免腐蚀性液体溅出腐蚀离心机并造成离心不平衡。

(4) 离心开始前应检查转头是否拧紧。放入离心套筒后应紧盖、锁牢，防止意外事故的发生。

(5) 启动离心机时应逐渐加速，当发现声音不正常时要停机检查，排除故障(如离心管不对称、质量不等，离心机位置不水平或螺丝松动等)后再开动。

(6) 使用完离心机要及时清除机内水滴、污物及碎玻璃碴，擦净离心腔、转轴、吊环、套筒及机座。

教学课件 3.4

3.4　玻璃仪器

烧器类玻璃器具

量器类玻璃器具

玻璃仪器在实验室中很常见，使用量也很大，使用或操作不当就会对人体造成伤害，如玻璃爆裂破碎所造成的扎伤、割伤，以及反应过程中引起的着火及爆炸等。为了防止此类事故的发生，使用玻璃仪器时，应谨慎操作，注意安全。

1) 玻璃仪器的分类

(1) 烧器类：可用于加热化学物质的玻璃仪器，用料一般比较严格，特点是薄而均匀，耐骤冷骤热性好，如烧瓶、三角瓶、烧杯、试管等。

(2) 量器类：刻有较精密刻度、用来容量度量的玻璃制品，如量桶、量杯、容量瓶、滴定管、移液管等。

(3) 容器类：用于盛放化学物质的玻璃制品，一般用料较厚，通常指各种细口瓶、广口瓶、下口瓶、滴瓶及各种玻璃槽。

(4) 输送和截留装置类：包括玻璃接头、接口、阀、塞、管、棒等。

(5) 其他类：包括冷凝管、吸滤瓶、漏斗等。

容器类玻璃器具

输送和截留装置类玻璃器具

其他类玻璃器具

2）使用玻璃仪器的注意事项

(1) 在使用前要仔细检查，避免使用有裂痕的仪器；对用于减压、加压或加热操作的玻璃仪器，在使用前更要认真进行检查。

(2) 烧杯、烧瓶和试管等薄壁玻璃仪器机械强度很低，容易破裂；抽滤瓶等厚壁玻璃容器，急剧加热时很容易因受热不均而破裂，均须小心操作。

(3) 切割玻璃管时，在使用前应将玻璃管的切口在火焰上熔化，防止被锋利的切口割伤。

(4) 把玻璃管或温度计插入橡皮塞或软木塞时，因玻璃管或温度计折断而使人受伤的事件时有发生。因此，操作时可在玻璃管或温度计上沾些水或涂上碱液、甘油等做润滑剂。

(5) 加热内部有可燃性气体的容器时有发生爆炸的危险。为此，应尽量避免加热可燃性气体。注意避免触碰刚刚加热后的玻璃仪器，使用试管夹或戴上隔热手套将其从加热源上移去。

(6) 打开封闭管或密封的容器时，因其有内压，可能会发生喷液或爆炸等事故，需小心操作。

(7) 平底的薄壁三角瓶，因其破裂的可能性很大，绝不可用于减压操作。

(8) 对黏结在一起的玻璃仪器，不要试图用力拉开，以免伤手。可以将其磨口竖立，往缝隙间滴几滴甘油；或者用热风吹，使其外部膨胀而分开。

(9) 破碎的玻璃仪器应用水冲洗干净，放入专门的垃圾桶中。

3.5　高能装置

教学课件 3.5

化学实验室中常用的高能装置包括激光器、X 射线衍射仪、微波反应装置等。由于这些装置大多需要直流高压电或高频高压电，因此使用这些装置时必须注意防止触电和电气灾害。与此同时，使用的能量越高，仪器发生事故的危险性也就越大。例如，激光或雷达等高频装置能放出强大的电磁波，瞬间即会使人遭受严重烧伤，甚至发生生命危险。因此，做实验时必须对其予以足够的重视。

3.5.1 激光器使用安全

激光是20世纪60年代发明的一种光源，是由激光器产生的“种光”。近年来激光在化学中的应用越来越广泛：激光化学气相沉积、激光热处理、激光分离同位素、激光诱导催化和敏化、激光在光谱设备中的应用等。激光器可射出强大的激光光线(可干涉性光线)，若用眼睛直接观看，会造成视网膜伤害甚至失明，同时还有被烧伤的危险，故实验时必须特别注意。

使用激光器时应注意以下几点：

(1) 使用激光器时，必须戴防护眼镜。在实验过程中，可能会有意料之外的反射光射入眼睛，因此要十分注意射出光线的方向，并确保没有反射壁面之类的东西存在。

(2) 最好把整个激光装置都覆盖起来。对放出强大激光光线的装置，要配备捕集光线的捕集器。

(3) 禁止在光路上放置与实验无关的反光材料，避免激光反射入人眼，激光光路中不得放置易燃易爆物质。

(4) 激光装置需要使用高压电源，操作时应多加注意，防止触电。

3.5.2 X射线衍射仪使用安全

X射线衍射仪及操作

X射线衍射仪(XRD)是利用X射线衍射原理对物质和材料的组成和原子级结构进行研究和鉴定的大型分析仪器。该仪器目前在高校实验教学和科研中的应用越来越广。由于X射线衍射仪使用了X射线发生器，尽管已经具有很好的防护措施，但操作不当仍具有一定的危险性。因此，使用X射线衍射仪时应注意以下几点：

(1) XRD仪器室应按规定悬挂危险源标记。

(2) 进入XRD仪器室进行测试时，必须佩戴个人剂量计，专人专用，不得混用；同时要经常检测工作地点X射线的剂量，发现泄漏时，要及时加以屏蔽。

(3) X光管和探测器窗口都是铍制造的，使用时不要触摸这些窗口，同时更不要像扔普通垃圾一样丢弃X光管和探测器；平时在使用仪器时，也要尽量避免站在X射线射出口的位置。

(4) 实验前必须认真研究实验步骤，做好充分的准备工作。将实验所需的工具、器皿和试剂放在取用方便、安全稳固处，尽量缩短发射X射线的时间。

(5) 打开X射线前需要检查循环水是否正常工作。

(6) 测量过程中切勿随意打开防护罩门，谨防X射线直射人体。

(7) 严格注意开、关机顺序。仪器出现异常或发生事故时，要立刻停止发射X

射线并向仪器负责人报告。

3.5.3 微波反应装置使用安全

微波，又称“超高频电磁波”，是指波长为 1 mm~1 m、频率为 300 MHz~300 GHz 的电磁波。微波具有穿透、反射、吸收三个基本特性。微波辐射因可以有效地加快化学反应速度、缩短反应时间而引起了化学工作者的极大兴趣。目前，微波设备如微波消解仪、微波萃取仪等在化学领域的应用越来越广泛，但微波会对皮肤、肌肉、眼睛的晶状体及血液循环、内分泌、神经系统等人体组织造成伤害。

使用微波反应装置时，主要应注意以下几点：

(1) 减少辐射源的泄漏和辐射，将辐射源限制在最小的范围内。微波反应器的炉门是防止微波泄漏的一道屏障。开、关炉门时不要用力过大，防止损坏炉门。当打开炉门达到极限位置时不要再继续用力，以免使炉门变形，导致微波的泄漏。若在实验过程中想打开炉门，应暂停实验后再打开；如炉门发生损坏，应立即停止使用并上报仪器负责人。

(2) 在使用微波反应器的过程中，应通过实时监控系统观察反应情况，尽量不要透过视窗观察。

(3) 因为金属类物质可反射微波，所以在实验时严禁将金属放入微波场中，也不能采用金属容器盛放实验液体，否则会产生打火现象，甚至发生爆炸。

(4) 应选用具有较大介电常数的极性溶剂作为微波反应器的加热介质，介电常数较小的弱极性或非极性溶剂不易被加热，还有可能因与微波负载不匹配而损坏微波反应装置。

(5) 不要加热装在密封容器中的试剂，以免发生爆炸。

思考题

安全隐患查找练习

(1) 使用高压反应釜的注意事项有哪些？

(2) 气瓶减压阀为什么不能混用？

(3) 为什么不可以将气瓶完全用尽再重新灌装？

(4) 氮气瓶、氢气瓶、氧气瓶的瓶身及字体分别是什么颜色？

(5) 使用马弗炉时，待加热的物质是否可以直接放在炉膛内？应使用什么器具盛放，如何取出？

(6) 干燥易燃易爆物质时应选用什么烘箱？

(7) 实验室为什么常用液氮而不是其他低温液化气体来制冷？

(8) 使用电动搅拌器通电搅拌前，为什么要先用手试转动一下？

(9) 油泵内油不足会对使用有什么影响?

(10) 使用离心机进行分离操作时,为什么要对离心机进行平衡?

(11) 黏结在一起的玻璃仪器如何分开?

(12) 使用X射线衍射仪时为什么要特别关注冷却循环水是否正常工作?

(13) 若在实验过程中想打开微波反应器的炉门应该如何操作?

第 4 章

实验室消防安全

化学实验中因经常使用易燃易爆试剂、药品，进行加热、高温、灼烧等容易引发燃烧的化学反应，与一般实验室相比存在的火灾隐患更多，一旦发生安全事故，后果十分严重。因此，了解燃烧、爆炸的基本知识，灭火的原理、方法，以及消防灭火器具的使用都有重要的意义。同时，还应学习火灾发生时的逃生自救方法，最大限度地保证安全、减少伤害。

教学课件 4.1

4.1　燃烧的基本知识

4.1.1　燃烧的概念及特征

燃烧是指可燃物与氧化剂作用发生的放热反应，通常伴有火焰、发光和(或)发烟的现象。燃烧过程中燃烧区的温度较高，使其中白炽的固体粒子和某些不稳定的中间物质分子内电子发生能级跃迁，从而发出各种波长的光；发光的气相燃烧区就是火焰，它是燃烧过程中最明显的标志；由于燃烧不完全等原因，产物中混有一些小颗粒，这样就形成了烟。

燃烧具有三个特征，即发光、放热、生成新的物质。当燃烧失去控制时就会变成火灾。

4.1.2　燃烧的发生条件

燃烧虽然是一种非常普遍的现象，但它也不是随便就能发生的。燃烧必须满足一定的条件才会发生。

1）燃烧的必要条件

(1) 可燃物(还原剂)。

一般情况下，凡是能在空气、氧气或其他氧化剂中发生燃烧反应的物质都称为可燃物，反之为不燃物。

可燃物按其组成可分为无机可燃物和有机可燃物两大类。无机可燃物主要包括化学元素周期表中Ⅰ～Ⅲ主族的部分金属单质（如钾、钠、钙、镁等）及Ⅳ～Ⅵ主族的部分非金属单质（如碳、磷、硫、硅等），以及氢气、一氧化碳、非金属氢化物等。有机物中除了多卤代烃如四氯化碳、二氟-氯-溴甲烷（1211）等不燃且可做灭火剂之外，其他绝大部分都是可燃物。有机可燃物有天然气、液化石油气、汽油、煤油、柴油、原油、酒精、豆油、煤、木材、棉、麻、纸及三大合成材料（合成塑料、合成橡胶、合成纤维）等。

可燃物按其物理状态可分为可燃气体、可燃液体、可燃固体三大类。可燃气体有氢气、氯气、乙炔等；可燃液体大多数都是有机化合物，如汽油、柴油、酒精、苯等；可燃固体有棉、麻、木材、煤、硫黄等。需要注意的是，不同状态的同一种物质燃烧性能是不同的。

（2）助燃物（氧化剂）。

凡是能和可燃物发生反应并引起燃烧的物质，称为助燃物。助燃物的种类很多，氧气是最常见的一种氧化剂，它存在于空气中（体积分数约为21%），可燃物在空气中的燃烧以游离的氧作为氧化剂，这种燃烧是最普遍的。此外，某些物质也可作为燃烧反应的氧化剂，如氯、氟、氯酸钾等。

此外还有少数可燃物，如氯酸盐、硝酸盐、高锰酸盐、重铬酸盐、过氧化物等含氧物质，一旦受光、热、撞击或摩擦后，能自动释放出氧气，不需外部氧化剂（空气）就可发生燃烧。

（3）点火源。

凡是能引起可燃物燃烧的能源都叫点火源，也称着火源。最常见的点火源是热能，还有电能、化学能、光能、机械能等。常见点火源主要有以下几种。

①明火：如生产和生活中的灯火、火炉、火柴、打火机、烟头、烟筒或烟道喷出的火星、气焊和电焊喷火、机动车辆排气筒冒出的火星等。

②电火花：如电气开关在开、闭电闸时的弧光放电，电动机、变压器等电气设备产生的电火花；还有静电火花，如液体流动引起的带电、喷出气体的带电、人体的带电等。

③撞击或摩擦产生的火星：如机器上轴承转动的摩擦、铁钉落入设备内和机件撞击、磨床和砂轮的摩擦、铁器工具相撞或与混凝土相碰等。

④高热物质和高温表面：如加热装置、烧红的电炉、电加热器、高温物料的输送管、冶炼厂或铸造厂里熔化的金属、烟囱和烟道等。

⑤雷击：这是瞬间的高压放电，能引起任何可燃物质的燃烧。

⑥自燃起火：可燃物的内部发热。

可燃物、助燃物、点火源是构成燃烧的三个要素，缺一不可，俗称“燃烧三角形”，如图4-1所示。

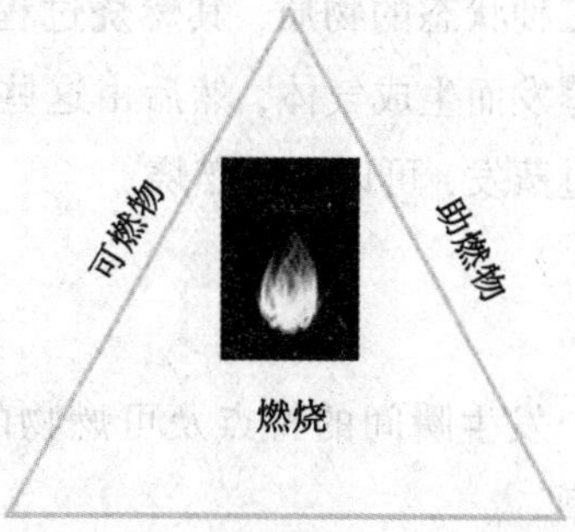

图4-1 燃烧三角形

2）燃烧的充分条件

（1）一定的可燃物浓度。

可燃物只有达到一定浓度，才会发生燃烧。如用火柴等明火去点煤油，煤油并不会立即燃烧，这是因为在常温下煤油表面挥发的煤油蒸气量不多，没有达到燃烧所需的浓度，虽有足够的空气和火源接触，也不能发生燃烧。

（2）一定的氧气含量。

实验证明，虽有氧气(空气)存在，但其浓度不够，燃烧也不会发生。如将点燃的蜡烛用玻璃罩罩起来，不使周围空气进入，这样经过较短时间，蜡烛火焰就会熄灭。可燃物发生燃烧需要有一个最低含氧量要求，低于这一浓度，燃烧就不会发生。由于可燃物质性质不同，燃烧所需要的含氧量也不同，如汽油的最低含氧量要求为14.4%(体积分数)，煤油的最低含氧量要求为15%(体积分数)。

（3）一定的点火能量。

可燃物发生燃烧，都有本身固有的最小点火能要求，达到一定的强度才能引起可燃物着火，否则燃烧就不会发生。不同可燃物燃烧所需的引燃能量各不相同，如汽油最小点火能量为0.2 MJ，乙醚则为0.19 MJ。

（4）相互作用。

燃烧不仅必须具备必要条件和充分条件，而且必须是燃烧条件互相结合、互相作用才会发生或持续。否则，燃烧也不会发生。

只有同时满足燃烧的必要条件及充分条件，燃烧才能发生。如缺少其中任何一个条件，燃烧都不能发生，处于燃烧状态也会立即停止。

4.1.3 燃烧的过程

当可燃物与周围接触的空气达到自身的点燃温度时，外层部分就会熔解、蒸发或分解并发生燃烧，在燃烧过程中放出热量和光。这些释放出来的热量又加热边缘的下一层，使其达到点燃温度，于是燃烧过程持续。

固体、液体和气体这三种状态的物质，其燃烧过程是不同的。固体和液体发生燃烧，需要经过分解和蒸发而生成气体，然后由这些气体与氧化剂作用发生燃烧；而气体物质不需要经过蒸发，可以直接燃烧。

4.1.4 燃烧的类型

燃烧按其形成的条件、发生瞬间的特点及可燃物的着火方式，可分为闪燃、着火、自燃和爆炸四种类型。

1）闪燃

闪燃指在一定温度下，液态可燃物液面上蒸发出的蒸气与空气形成的混合气体恰好等于爆炸下限浓度时，遇火源产生的一闪即灭的现象。发生闪燃的最低温度称为闪点；液体的闪点越低，火灾危险性越大。闪点是评定液体火灾危险性的主要依据。实验室常见物质的闪点如表 4-1 所列。

表 4-1 实验室常见物质的闪点 单位：℃

物质名称	闪点	物质名称	闪点
二硫化碳	−30	苯酚	79
甲醇	11	甲苯	4
乙醇	13	乙醚	−45
乙胺	−17	乙酸乙酯	−4
丙酮	−18	三硝基苯酚	150
异丙醇	11	乙酸酐	49

闪燃现象出现后，受环境、温度等因素的影响，液体蒸发速度往往会加快，这时遇火源就会产生持续燃烧，在一定条件下(如爆炸性混合物达到爆炸极限，并遇到较高的点火能量)，就会出现燃烧速度比较快的燃烧现象，即爆燃。因此，闪燃现象往往是爆燃的前兆。由于爆燃能够形成很快的燃烧速度和很高的温度，因此会直接造成火灾。与闪燃现象相比，爆燃具有更大的火灾危险性。因此，积极控制和预防闪燃现象的出现，具有极为重要的现实意义。

2）自燃

可燃物在空气中没有外来火源，靠自热和外热而发生的燃烧现象称为自燃。根据热的来源不同，可分为自身自燃和受热自燃。使可燃物发生自燃的最低温度叫自燃点。可燃物的自燃点越低，发生火灾的危险性越大。实验室常见物质的自然点如表 4-2 所列。

表 4-2　实验室常见物质的自燃点　　单位：℃

物质名称	自燃点	物质名称	自燃点
白磷	40	苯酚	715
二硫化碳	90	甲苯	480
乙醇	363	乙醚	160～180
甲醇	464	乙苯	432
丙酮	465	三硝基苯酚	300
异丙醇	456	环己烷	245

不同的可燃物有不同的自燃点，同一种可燃物在不同的条件下自燃点也会发生变化。对于液体、气体可燃物，其自燃点受压力、氧浓度、催化、容器的材质和表面积与体积比等因素的影响。而固体可燃物的自燃点则受受热熔融、挥发物的数量、固体的颗粒度、受热时间等因素影响。

3）着火

可燃物在空气中与火源接触，达到一定温度时，开始产生有火焰的燃烧，并在火源移去后仍能持续并不断扩大的燃烧现象称为着火。着火是燃烧的开始，并且以出现火焰为特征。可燃物开始持续燃烧所需要的最低温度叫燃点（又称为着火点），燃点越低，越容易起火。根据可燃物的燃点高低，可以鉴别其引起火灾的危险程度，燃点越低，火灾危险性越大。一切可燃液体的燃点都高于闪点。实验室常见物质的燃点如表 4-3 所列。

表 4-3　实验室常见物质的燃点　　单位：℃

物质名称	燃点	物质名称	燃点
二甲亚砜	300～302	乙二醇	118
二硫化碳	100	甲苯	552
乙醇	390～430	乙醚	350
甲醇	470	乙苯	432
丙酮	561	乙酸乙酯	426
苯乙烯	490	环己烷	259

4）爆炸

爆炸是指物质由一种状态迅速地转变成另一种状态，并在瞬间以对外做机械功的形式释放出巨大的能量，或气体、蒸气在瞬间发生剧烈膨胀等现象。爆炸最重要的一个特征是爆炸点周围发生剧烈的压力突变，这种压力突变就是爆炸产生破坏作用的原因。作为燃烧类型之一的爆炸主要指化学爆炸。关于爆炸的具体分类及特点详见“4.2　爆炸的基本知识”。

4.1.5　燃烧产物的危害

1）燃烧产物

燃烧产物通常指可燃物燃烧生成(产生)的气体、热量、烟雾等。大部分可燃物由碳、氢、氧、氮、磷、硫等元素组成，燃烧产物主要是二氧化碳、二氧化氮、二氧化硫等有害气体。燃烧产物的数量、组成等随可燃物的化学组成及温度、空气供给情况等的变化而不同。可燃物在氧气充足的条件下，通常发生完全燃烧；氧气不足时，发生不完全燃烧，产生大量的黑烟(含大量碳粉末)。

2）燃烧产物的危害

燃烧产物在火灾现场对人体的危害有窒息、烧伤、烟尘和毒性气体四种。

（1）窒息。

人们正常呼吸时空气中的氧气占21%左右(体积分数)。火场上可燃物燃烧消耗氧气，同时产生毒气，使空气中的氧浓度降低。当氧气在空气中的含量下降到15%时，人体的肌肉协调会受影响；如果再继续下降至14%~10%，人虽然有知觉，但判断力会明显下降，并且很快感到疲劳；降到10%~6%时，人体大脑便会失去知觉，呼吸及心脏同时衰竭，数分钟内可死亡。

（2）烧伤。

火场上由于可燃物质多，火灾蔓延迅速，气体温度在短时间内即可达到几百摄氏度。当火场温度达到49~50℃时，人的血压会迅速下降，导致循环系统衰竭；只要吸入的气体温度超过70℃，就会使气管、支气管内黏膜充血起水泡、组织坏死，并引起肺水肿而窒息死亡。

（3）烟尘。

火场上的热烟尘是由燃烧中析出的碳粒子、焦油状液滴及房屋倒塌扬起的灰尘等组成。这些烟尘随热空气一起流动，若被人吸入呼吸系统后，能堵塞、刺激内黏膜，甚至危害生命。其毒害作用随烟尘的温度、直径大小的不同而不同，其中温度高、直径小、化学毒性大的烟尘对呼吸道的损害最为严重。

（4）毒性气体。

有统计资料表明，火灾中的死亡人员中大约有75%是由于吸入毒性气体而死。燃烧产物中含有大量的有毒成分，如一氧化碳、氰化氢、二氧化硫、二氧化氮等，这些气体均对人体有不同程度的危害。常见的有害气体来源、生理作用及致死浓度见表 4-4。

表 4-4 一些主要有害气体的来源、生理作用及致死浓度/10^{-6}

来源	主要的生理作用	短期(10 min)估计致死浓度(ppm，体积)
纺织品、聚丙烯腈尼龙、聚氨酯等物质燃烧时分解出的氰化氢(HCN)	一种迅速致死、窒息性毒物	350
纺织物燃烧时产生二氧化氮(NO_2)和其他氮的氧化物	对肺的强刺激性，能引起即刻死亡及滞后性伤害	大于 200
由木材、丝织品、尼龙燃烧产生的氨气(NH_3)	强刺激性，对眼、鼻有强烈的刺激作用	大于 1000
PVC 电绝缘材料、其他含氯高分子材料及阻燃处理物热分解产生氯化氢(HCl)	呼吸刺激性	大于 500
氧化树脂类及某些含溴阻燃材料热分解产生的含卤酸气体	呼吸刺激性	约 400(HF) 约 100(COF_2) 大于 500(HBr)
含硫物质燃烧分解产生二氧化硫(SO_2)	强刺激性，在远低于致死浓度下即使人难以忍受	大于 500
含碳物质不完全燃烧产生一氧化碳(CO)	头痛、虚脱、神志不清、肌肉调节障碍	大于 4000

教学课件 4.2

4.2 爆炸的基本知识

4.2.1 爆炸的概念及特征

物质自一种状态迅速转变为另一种状态，并在瞬间以对外做机械功的形式放出大量能量的现象称为爆炸。

爆炸有以下特征：

(1) 爆炸过程进行得很快；

(2) 爆炸附近瞬间压力急剧上升；

（3）发出响声；

（4）周围建筑物或装置发生震动或遭到破坏。

4.2.2 爆炸的分类

1）按性质分类

（1）物理爆炸：由物理变化引起的爆炸，如蒸汽锅炉、液化气或压缩气体超压引起的爆炸。

（2）化学爆炸：由化学变化引起的爆炸，如可燃气、蒸气的爆炸及炸药爆炸等。

（3）核爆炸：由于原子核变或聚变反应释放出核能所形成的爆炸，如原子弹、氢弹、中子弹的爆炸。

2）按速度分类

（1）轻爆：爆炸传播速度为每秒数十厘米至数米的过程。

（2）爆炸：爆炸传播速度为每秒十米至数百米的过程。

（3）爆轰：指传播速度为每秒一千米至数千米以上的爆炸过程。

3）按反应相分类

（1）气相爆炸：包括可燃气体混合物爆炸、气体热分解爆炸、可燃性粉尘爆炸、可燃液体雾滴爆炸、可燃蒸气云爆炸等。

（2）凝聚相爆炸：① 液相爆炸，包括聚合物爆炸、液体爆炸品的爆炸等；② 固相爆炸，包括爆炸性物质的爆炸、固体物质混合所引起的爆炸等。

4.2.3 爆炸极限

可燃物质（可燃气体、蒸气和粉尘）与空气（或氧气）必须在一定的浓度范围内均匀混合，形成预混气，遇火源才会发生爆炸。这个浓度范围称为爆炸极限或爆炸浓度极限。可燃性混合物能够发生爆炸的最低浓度和最高浓度分别称为爆炸下限和爆炸上限，二者有时也称为着火下限和着火上限。在高于爆炸上限时，空气不足导致火焰不能蔓延，不会爆炸但能燃烧。低于爆炸下限时由于可燃物浓度不够，过量空气的冷却作用阻止了火焰的蔓延，因此不爆炸也不着火。实验室常见物质的爆炸极限如表 4-5 所列。

表 4-5　实验室常见物质的爆炸极限

物质名称	爆炸极限		物质名称	爆炸极限	
	下限	上限		下限	上限
乙酸	4%	19.9%	氨气	15.7%	27.4%
丙酮	2.6%～3%	12.8%～13%	苯	1.2%	7.8%
正丁醇	1.4%	11.2%	二氧化硫	1.0%	50.0%
环己烷	1.3%	7.8%～8%	二甲基亚砜	2.6%～3%	42%
乙醇	3%	19%	乙酸乙酯	2%	12%
甲苯	1.2%～1.27%	6.75%～7.1%	乙二醇	3%	22%

爆炸极限是评定可燃气体、蒸气或粉尘爆炸危险性大小的主要依据。爆炸极限范围越宽，发生爆炸的危险性越大。

4.2.4　爆炸的破坏作用

1）直接的破坏作用

机械设备、装置、容器等爆炸后产生许多碎片，碎片飞出后会在很大的范围内造成危害。

2）冲击波的破坏作用

物质爆炸时会产生冲击波。冲击波的传播速度极快，在传播过程中，可以对周围环境中的设备和建筑物产生破坏作用并造成人员伤亡。冲击波还可以在它的作用区域内产生震荡作用，使物体因震荡而松散，甚至损坏。

3）火灾的破坏作用

爆炸时产生的高温、高压及建筑物内遗留大量的热或残余火苗，会把从破坏的设备内部不断流出的可燃气体及易燃或可燃液体的蒸气点燃，也可能把其他易燃物点燃，引起火灾。

4）造成中毒和环境污染

在爆炸事故中，许多物质不仅是可燃的，而且是有毒的，爆炸可能会导致大量有害物质外泄，造成人员中毒和环境污染。

4.2.5　燃烧与爆炸的关系

燃烧和爆炸都需具备可燃物、氧化剂和火源这三个基本因素。因此，燃烧和化学性爆炸就其本质来说是相同的，而它们的主要区别在于氧化反应速度不同。燃烧速度（即氧化速度）越快，燃烧热的释放越快，所产生的破坏力也越大。由于燃烧和化学性爆炸的主要区别在于物质的燃烧速度，所以火灾和爆炸的发展过程有显著的不同。火灾有初起阶段、发展阶段和衰弱熄灭阶段，造成的损失随着时间的延续而加重，因此一旦发生火灾，如能尽快地进行扑救，即可减少损失。化学性爆炸实质上是瞬间的燃烧，通常在 1 s 之内已经完成，由于爆炸威力所造成的人员伤亡、设备毁坏和厂房倒塌等巨大损失均发生于顷刻之间，猝不及防，因此爆炸一旦发生，损失已无从减免。

燃烧和化学性爆炸可随条件变化而相互转化。同一物质在一种条件下可以燃烧，在另一种条件下可以爆炸。例如，煤块只能缓慢地燃烧，如果将它磨成煤粉，再与空气混合后就可能爆炸，这也说明了燃烧和化学性爆炸在本质上是相同的。

由于燃烧和爆炸可以随条件而转化，所以生产过程中发生的相关事故，有些是先爆炸后燃烧，例如油罐、电石库或乙炔发生器爆炸后，接着往往是一场大火；而某些情况下是先发生火灾而后爆炸，例如抽空的油槽在着火时，可燃蒸气不断消耗又不能及时得到补充，因而浓度不断下降，当浓度下降到爆炸极限范围内时，则发生爆炸。

教学课件 4.3

4.3　灭火原理及方法

任何可燃物的燃烧都必须具备燃烧的基本条件。因此，灭火就是破坏燃烧条件使燃烧反应终止的过程。根据燃烧条件，灭火基本原理可以归纳为四个方面，即冷却、窒息、隔离和化学抑制。前三种灭火作用主要是物理过程，而化学抑制是一个化学过程。

4.3.1　冷却灭火法

冷却灭火的原理是降低燃烧物的温度。用水冷却灭火是扑救火灾的常用方法，用二氧化碳灭火剂的冷却效果更好。水在迅速汽化时吸收大量的热，能很快降低燃烧区的温度，使燃烧终止；通常采用的措施如用直流水喷射着火物、不间断地向着火物附近的未燃烧物喷水降温。

4.3.2　窒息灭火法

窒息灭火的原理是消除助燃物，根据可燃物质发生燃烧通常需要足够的空（氧）气这个条件，采取适当措施来防止空气流入燃烧区，或者用惰性气体稀释空气中氧的含量，使燃烧物质因缺乏或断绝氧而熄灭。运用窒息原理灭火时，可以封闭着火的空间，将着火的空间充满惰性气体或水蒸气，用石棉被、湿棉被、湿帆布等不燃或难燃材料覆盖燃烧物，向着火物上喷射二氧化碳、干粉，等等。

4.3.3　隔离灭火法

隔离灭火的原理是使着火物与火源隔离，根据发生燃烧必须具备可燃物这个条件，将燃烧物与附近的可燃物隔离或分散开，使燃烧停止。如火灾中，关闭实验室可燃气体阀门，迅速转移火焰附近易燃易爆物，拆除与燃烧物质相连的可燃物质，都属于隔离灭火法。

4.3.4　化学抑制灭火法

化学抑制灭火的原理是中断燃烧链式反应，就是使用灭火剂参与燃烧链式反应，使燃烧过程中产生的自由基快速消失，形成稳定分子或低活性的自由基，进而使燃烧反应停止。常用方法是往着火物上直接喷射气体、干粉等灭火剂，覆盖火焰，中断燃烧。

4.4　实验室火灾类型及常见灭火器材的使用

教学课件 4.4

迅速、正确扑灭初起火灾是防止火势蔓延的关键，同时也是控制火灾损失最为有效的办法，特别是针对公众聚集场所和易燃易爆场所。因此，掌握一定的初期火灾扑救方法就显得至关重要了。

4.4.1　火灾类型

A 类火灾：固体物质火灾，如木材、棉、毛麻、纸张等引起的火灾。

B 类火灾：液体火灾和可溶性的固体物质火灾，如汽油、煤油、原油、甲醇、乙醇、沥青等引起的火灾。

C 类火灾：气体火灾，如煤气、天然气、甲烷、丙烷、乙炔、氢气等引起的火灾。

D 类火灾：金属火灾，如钾、钠、镁、钛、锆、锂、铝镁合金等引起的火灾。

E 类火灾：电气火灾。

4.4.2　常用的灭火设备及使用方法

消防沙箱使用

1）消防沙箱

将干燥的细沙装于沙箱内，沙箱内配备沙勺，即消防沙箱。

（1）适用范围：该方法适用于一切不能用水扑救的火灾，如 D 类金属火灾、油类火灾及由白磷、红磷、硫黄、沥青等引起的固体火灾。

消防沙箱灭火过程

（2）使用方法：用沙土救火方法比较简单，只要将沙土覆盖在着火的物体上，就可使火熄灭。

（3）注意事项：湿的沙土有时不但不能灭火，还有增大火势的可能性，所以沙土一定要保持干燥；每个实验室内必须安装有效的沙箱设备，并放在最方便取用的地方，应经常检查，严禁在沙箱上堆放其他物品；灭火硅胶也有相同的功效。

2）灭火毯

灭火毯使用

灭火毯适用于小火，利用覆盖火源、阻隔空气的原理来达到灭火的目的。在逃生过程中，可以将毯子裹于全身做防护用品使用。

灭火毯灭火过程

（1）适用范围：适用于扑灭小物体、小容器着火，以及人体着火。

（2）使用方法：灭火毯通常保存在包装袋内并悬挂在墙上，使用时先用双手握住下部的两根黑色拉带，将灭火毯取出，展开作盾牌状拿在手中；靠近火源，将灭火毯完全覆盖着火容器或包裹住着火物体。

（3）注意事项：灭火毯不适用于大面积火场的灭火，使用时要选择上风处；灭火毯需要每年检查 1 次，如发现灭火毯有损坏或污染要立即更换。

3）水

水是最常使用的灭火工具之一，但在化学实验室内不能轻易用水灭火，只有在确定燃烧物具水溶性或用水不会产生其他危险的情况下才能用水来灭火。必须经常检查实验室的消防水栓和水龙带是否完好。

4）二氧化碳灭火器

灭火器结构

二氧化碳灭火器的灭火液成分为液态二氧化碳，它利用窒息作用和部分冷却作用灭火，具体构造如图 4-2 所示。

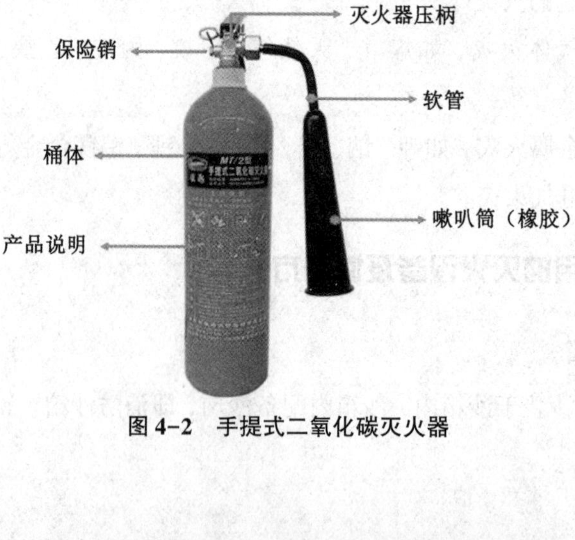

图 4-2　手提式二氧化碳灭火器

(1) 适用范围：适用于 B，C，E 类火灾；对于有机溶剂着火和用电线路引起的火灾等，均可使用二氧化碳灭火器来进行灭火；特别适合扑救贵重设备、档案资料、仪器仪表、600 V 以下电气设备及油类初期火灾。

(2) 使用方法：首先将灭火器提至火灾现场，拔出保险销，一只手握住喇叭筒根部的手柄，另一只手紧握启闭阀的压柄，把喇叭筒向上扳动 70°~90°，对准火焰根部压下压柄，即可喷出灭火液进行灭火；放开压把可停止喷射，从而实现间歇喷射。

干粉灭火器使用

(3) 注意事项：使用二氧化碳灭火器时，不能直接用手抓碰喇叭筒外壁或金属连线管，防止手被冻伤；在室外使用时，选择上风处喷射，在空间狭小地方使用时，灭火后操作者应迅速离开，以防窒息；不得用于可燃性金属失火，因为其会将二氧化碳转变为有毒的一氧化碳。

5）干粉灭火器

干粉灭火器内充装的是碳酸氢钠、磷酸铵类等干粉灭火剂，具有流动性好、喷射率高、不易腐蚀容器、不易变质等优良性能，大小火灾均可使用。

(1) 适用范围：碳酸氢钠干粉灭火器可用于 B，C 类火灾的灭火，磷酸铵类灭火器适用于 A，B，C，E 类火灾的灭火。干粉灭火器的缺点是灭火后清除粉末时可能会对器材有轻微的损伤；内装物具有腐蚀性，不适宜扑灭精密仪器着火。

(2) 使用方法：干粉灭火器最常用的开启方法为压把法，将灭火器提到距火源适当距离后，先上下颠倒几次，使筒内的干粉松动，然后让喷嘴对准燃烧最猛烈处，拔去保险销，压下压把，灭火剂便会喷出灭火。

(3) 注意事项：干粉灭火器必须竖立使用，不可颠倒使用；喷管口禁止对人；灭火时操作者必须处于上风处操作。

6）泡沫灭火器

泡沫灭火器中的主要成分为硫酸铝和硫酸氢钠，灭火器内有两个容器，分别用于盛放硫酸铝和硫酸氢钠。此外，灭火器中还加入了一些发泡剂，其灭火效果比二氧化碳灭火器更强。

(1) 适用范围：适用于 A，B 类火灾。

(2) 使用方法：用手握住灭火器的把手，平稳、快捷地提往火场，不要横扛、横拿。灭火时，一手握住把手，另一手握住筒身的底边，将灭火器颠倒过来，喷嘴对准火源，用力摇晃几下，即可灭火。

(3) 注意事项：不要将灭火器的盖与底对着人体，防止盖、底弹出伤人；不要与水同时喷射在一起，以免影响灭火效果。平时千万不要碰倒泡沫灭火器。

7）四氯化碳灭火器

四氯化碳灭火器的主要成分为四氯化碳，这是一种沸点低、密度大的惰性气体，可笼罩在燃烧物体周围，隔绝火焰与空气而灭火。四氯化碳不导电，适用于扑救电气火灾。

（1）适用范围：可用于 A，B，C，E 类火灾的灭火。

（2）使用方法：与二氧化碳灭火器相同。

（3）注意事项：不能扑灭活性金属钾、钠，以及乙炔、二硫化碳的失火；要在通风良好的条件下使用。

教学课件 4.5

4.5 消防应急设施简介

消防设施和消防器材是火灾中用于灭火救灾和保障人们疏散逃生的“救灾、救命”工具。一旦发生火情，这些设备将起到报警、引导人们疏散、阻止火势蔓延和扑救火灾的作用。以下针对高校实验室配备的消防应急设施进行简单介绍。

4.5.1 火灾自动报警系统

火灾自动报警系统用于监测火灾，其中火灾探测器和手动火灾报警按钮一般安装在人员集中场所或重点部位。在火灾初期，它可以将燃烧产生的烟雾、热量或光辐射等物理量，通过感温、感烟或感光等火灾探测器变成电信号，传输到火灾报警控制器，并同时显示出火灾发生的部位，记录火灾发生的时间。它通常与自动喷水灭火系统、室内消火栓系统、防排烟系统等相关设备联动，自动或手动发出指令，启动相应的灭火装置。

4.5.2 自动灭火系统

自动灭火系统是在火灾发生时能自动发挥灭火功能，以保障人身和财产安全的一种灭火系统，包括自动喷水、二氧化碳、泡沫、干粉灭火系统等。

4.5.3 室内消火栓

室内消火栓是消防水系统的重要组成部分，通常安装在建筑物内部的消火栓箱内，是由水枪、水带、消火栓、消防水喉、消防管道、消防泵、消防水池、水箱等组成的给水系统，如图 4-3 所示。

使用方法：紧急启用时，按下消火栓的弹簧锁，拉开箱门；取出水带向着火源点延伸展开，一端接水带与消火栓接口，另一端接水枪与水带接口；接好后逆时针打开阀门，即能喷水灭火。

图 4–3　室内消火栓

4.5.4　防火门

防火门用来阻止火势蔓延，一般安装在楼道里。它将建筑物分隔成若干个防火区域，并装有闭门器，保证自身常处于关闭状态。防火门除具有普通门的作用外，还具有阻止火势蔓延和烟气扩散的作用，可在一定时间内阻止火势蔓延，确保人员及时疏散。

4.5.5　应急照明灯及疏散指示标志

应急照明灯及疏散指示标志可引导人们疏散，避免疏散人员因看不清路面、辨别不出方向而发生拥挤、摔倒甚至踩踏事故。应急照明灯及疏散指示标志通常设置在疏散通道或安全出口处，一旦发生火灾，供电中断，可利用应急照明灯提供的照明，按照疏散指示标志指示的方向，疏散到安全地点。

4.5.6　疏散通道和安全出口

疏散通道和安全出口用来紧急疏散。疏散通道是引导人们向安全区域撤离的专用通道，设置要简明直接，尽量避免弯曲。安全出口是指疏散通道或消防通道的出入口，正常情况下它是关闭的，但遇到紧急情况时它必须能及时打开。疏散通道必须时刻保持畅通，一旦发生火灾，人们能及时地通过疏散通道和安全出口疏散到安全地点。

4.6 火灾逃生与自救

4.6.1 火灾逃生的状况及方法

实验室逃生演练

一般而言，逃生状况可分为三种：一是逃生避难时；二是室内待救时；三是无法期待获救时。处于这三种逃生状况时的逃生方法如下。

1）逃生避难时

（1）不可搭乘电梯，因为火灾时电源往往会中断，会被困于电梯中。

（2）循着安全指示标识向安全出口方向逃出。

（3）将毛巾或手帕沾湿掩住口鼻，避免浓烟的侵袭。

（4）弯腰低姿前行，避免浓烟侵袭。

2）室内待救时

（1）若所有逃生路线均被大火封锁，要立即退回室内，设法告知外面人自己所在的位置。

（2）在室内待救时，首先应关紧迎火的门窗，打开背火的门窗，用湿毛巾或湿布塞堵门缝或用水浸湿棉被蒙上门窗，然后不停用水淋透房间，防止烟火渗入；守在房内，直到救援人员到达。

（3）要避免吸入浓烟。

3）无法期待获救时

无法期待获救时，绝对不要放弃求生的意愿。此时应保持镇静，千万不要盲目跳楼，可利用疏散楼梯、阳台、落水管等逃生自救；也可用绳子或把床单、被套撕成条状连成绳索，并用水打湿，紧拴在窗框、暖气管、铁栏杆等固定物上，用毛巾、布条等保护掌心，顺绳滑下，或下到未着火的楼层脱离险境。

4.6.2 火灾逃生自救常识

掌握一定的火灾逃生自救技巧，可在火灾发生时有效地减小伤害。下面具体介绍火灾逃生自救方法。

1）熟悉环境，记清方位，明确路线，迅速撤离

当走进实验楼、教学楼等公共场所时，要留心大门、安全出口、灭火器等位置，以便在发生意外时及时疏散和灭火。

2）通道不堵，出口不封，门不上锁，确保畅通

为了保障安全出口能切实起到应急逃生、疏散的作用，在有关消防安全的法规中，明确要求在安全出口处不得设置门槛、台阶，疏散门应向疏散方向开启，门口不得堆放影响疏散的遮挡物、杂物等。

3）自我防护，低姿匍匐，湿巾捂鼻，防止毒气

将浸湿的棉大衣、棉被、褥子、毛毯等裹在身上，用湿毛巾或手帕捂住嘴和鼻，确定逃生路线后，以最快的速度直接冲出火场，到达安全地点。逃生时应注意不要顺风疏散，应迅速逃到上风处躲避烟火的侵害。由于着火时，烟气大多聚集在上部空间，具有向上蔓延快、横向蔓延慢的特点，因此在逃生时，不要直立行走，应弯腰或匍匐前进。

4）烟火封道，关紧门窗，湿布塞缝，防烟侵入

若所有逃生路线均被大火封锁无法疏散时，可退入一个房间内，将门缝用毛巾、毛毯、棉被、褥子或其他纺织物封死，可不断往上浇水，防止外部火焰及烟气侵入，抑制火势蔓延速度，为逃生争取时间。

5）火已烧身，切勿惊跑，就地打滚，压灭火苗

逃生过程中，如果身上的衣物被引燃，应迅速将衣服脱下或撕下，如果有水可迅速用水浇灭火，或就地滚翻将火压灭，但注意不要滚动太快。一定不要身穿着火的衣服跑动。

滑绳逃生演练

6）保持镇静，就地取材，自制绳索，安全出逃

当房门、楼梯或过道被浓烟烈火封锁、人被围困在实验室、教学楼或宿舍里无法逃生时，可利用房间阳台、阳台边的落水管逃生；也可用绳索、消防水带或将床单撕成条连接，顺着滑下。

消防云梯逃生演练

7）被迫跳楼逃生

消防垫逃生演练

如果没有条件采取上述自救办法而时间又十分紧迫、烟火威胁严重，只能被迫跳楼时，低层楼（通常4层以下）可采用此方法逃生，但要先向地面抛下一些厚棉被、沙发垫子以增加缓冲，然后手扶窗台往下滑，以缩小跳楼高度，并保证双脚首先落地。请务必注意，高层楼切不可采用此法逃生。

8）火场求救

可在窗口、阳台、屋顶或避难层处向外大声呼叫、敲打金属物件、投掷物品，夜间可打开手电筒、打火机等发出求救信号，以引起救援人员的注意，为逃生争取时间。

思考题

安全设施隐患查找练习

(1) 燃烧发生的必要条件是什么?

(2) 简述燃烧与爆炸的区别与联系。

(3) 化学实验室常用的灭火器材有哪几类?

(4) 贵重设备、档案资料、仪器仪表、600V 以下电气设备及油类初期火灾使用哪种灭火器扑灭较好?

(5) 实验室哪些物质引起的火灾不能用消防沙子灭火?

(6) 扑救 D 类金属火灾使用哪种灭火方式较好?

(7) 有机溶剂和油脂类物质着火时应该如何处理?

(8) 实验室着火时,若所有逃生路线均被大火封锁应如何逃生自救?

(9) 若看到他人衣服着火,可使用哪种方式帮助灭火?

(10) 逃生过程中,为什么要用湿毛巾或手帕捂住口鼻且弯腰低姿前行?

(11) 逃生自救的方法有哪些?

第 5 章

实验室水电安全

实验室是用水用电比较集中的地方，人员多、设备多、线路多、实验多等特点使得实验室水电不仅是很容易发生事故的因素，也是非常重要的安全问题。因此，结合化学实验室特点，学习安全用水、用电知识及实验室电气事故应急处理方法，对于师生都是十分必要的。

教学课件 5.1

5.1　实验室用水安全

（1）了解实验楼自来水各级阀门的位置；水龙头、水管要做到不滴、不漏、不冒、不放任自流；下水道堵塞要及时疏通，发现问题要及时修理。

（2）停水后要检查水龙头是否都拧紧，开水龙头发现停水要立即关上开关。

（3）水槽和排水渠道必须保持畅通。

（4）清早拧开水龙头，流出的水浑浊且发黄是因为管材内壁生锈，放水一段时间即可恢复正常。

（5）用水设备的防冻保暖：室外水管、水龙头的防冻可用麻织物或绳子进行包扎；对已冰冻的水龙头、水表、水管，宜先用热毛巾包裹水龙头，然后浇温水，使水龙头解冻，再拧开，用温水沿水龙头慢慢向管子浇洒，使水管解冻，切忌用火烘烤。

（6）实验室常见水分为日常生活用水、纯水、超纯水，应根据不同的需求使用不同的水。

（7）定期检查冷却水装置的连接胶管管口和老化情况，及时更换以防漏水。

（8）杜绝自来水龙头打开而无人监管的现象。

（9）需在无人状态下用水时，要做好预防措施及停水、漏水的应急准备。

教学课件 5.2

5.2 电气事故的类型

由于化学实验室自身的特性，以及用电设备在化学实验室分布的广泛性，电气事故在化学实验室较为常见。电气事故指由于电气设备故障直接或间接造成设备损坏、人员伤亡、环境污染等后果的事件，包括触电和电气灾害两大类。

5.2.1 触电事故

1）触电的类型

触电是指人体因接触带电部位而受到生理伤害的事件，这是最直接的电气事故，也常常是致命的。按接触带电部位的不同，触电可分为直接触电和间接触电两类。

（1）直接触电。

因接触到正常工作时带电的导体而产生的触电称为直接触电。如电工在检修配电盘时不小心触及带电的相线，或在插拔电源插头时接触到带电的插头金属片等，都属于直接触电。直接触电多为单相触电，即人体的一部分接触到地面或其他接地导体的同时，另一部分触及某一相带电体所引起的电击，此时人体所承受的电压为相电压；直接触电也有少部分为两相触电，即人体的两个部位同时触及两相带电体所引起的电击，此时人体所承受的电压为线电压。

在直接触电中，70%以上为单相触电，所以安全工作中应将防止单相触电作为重点；但由于两相触电中人体所承受的电压高于单相触电，所以两相触电具有更大的危险性。

（2）间接触电。

正常工作时不带电的部位，因某种原因(主要是故障)带上危险电压后被人触碰而产生的电击，称为间接触电，包括跨步电压触电和接触电压触电。

电气线路或设备发生接地故障时，在接地电流入地点周围电位分布区(20 m)行走的人，其两脚之间(0.8 m)的电位差为跨步电压，由跨步电压引起的触电称为跨步电压触电。一旦误入跨步电压区，宜采取单脚跳或双脚并拢跳跃法行走，快速跳出跨步电压区域，行进时应避免在两脚之间形成跨步电压。

接触电压触电是指人站在发生接地短路故障的设备旁，与带电设备外壳接触时发生的触电。

2）触电的危害

触电的危险程度视通过人体的电流的大小和电击时间的长短而定，但也与当时的电路情况有关；同时，还因触电者的体质、年龄、性别的不同而异，即便是同一个人，也会因当时状态的不同而产生不同的影响。实验室所用市电为频率50 Hz的交流电。触电时对人体的影响情况如表 5-1 所列。

表 5-1　触电时通过电流大小对人体的影响　　单位：mA

电流	对人体的影响
0.5~1	略有感觉(轻微刺痛)
5	相当痛苦
8~10	疼痛感增强，发生痉挛而抓紧带电体，但终能摆脱带电体
20~30	肌肉收缩，无法自行脱离触电电源
50	呼吸麻痹，心脏开始颤动，相当危险
100	大多数几乎致命

被频率为 50 Hz 的电流电击时，心脏肌肉每秒钟颤动 50 次，因而发生痉挛。因产生痉挛而受损的心脏，一般不能自行复原，大多在几分钟内死亡。一秒钟对触电而言是很长的时间。因此，必须牢记，即使触电时间为 1~2 s，也是十分危险的。

通过人体电流的大小，主要和接触电压及电流通路的阻抗有关。人体的电阻分为皮肤电阻(潮湿时约 2000 Ω，干燥时为 5000 Ω)和体内电阻(150~500 Ω)，随着电压的升高，人体的电阻则相应降低。不论通电时间多长，正常环境下的安全电压为 50 V，潮湿环境下的安全电压为 25 V。例如，用干燥的手接触电压较低的通电设备感觉不明显，而用湿手摸时，将会受到猛烈的电击，这是因为湿皮肤与干燥皮肤的电阻不同。在接触高压电而发生触电时，会因皮肤破裂而使人体的电阻大为降低，此时，通过人体的电流随之增大。此外，接近高压电时，还会有感应电流的影响，这是非常危险的。

3）触电发生的原因

发生触电原因的主要有以下几点：

(1) 用电设备质量和安装质量不好；

(2) 用电制度不健全或有章不循；

(3) 没有采取触电保护措施或措施不利；

(4) 缺乏必要的安全用电知识。

4）防止触电的基本措施

(1) 绝缘防护。使用绝缘材料将导电体封闭起来，保证电气设备及线路能够正常工作，防止人体意外触电。需要注意的是，要经常检查绝缘物是否老化及损坏，如发生上述问题要及时更换。

（2）安装屏护。可利用遮栏、护罩、护盖、箱(匣)等将带电体同外界隔绝。

（3）仪器设备外壳保持良好接地。当电气设备一旦漏电或被击穿时，金属外壳会意外带电，极易发生触电事故。电气设备保持良好接地会大大降低触电危险。

（4）安装漏电保护装置。在发生漏电或接地故障时切断电源；在人体不慎触电时，能在 0.1 s 内切断电源。这是目前普遍采用的较为先进、安全的技术措施。

（5）其他措施。如保持环境干燥、防止静电产生、悬挂警示标志等。

5.2.2 电气灾害

电气灾害即由电所引起的灾害，包括火灾和爆炸。电气灾害的火源主要有两种：一种是电火花与电弧，另一种是电气设备过热。

1）电火花与电弧

电火花是电极间击穿放电时产生的强烈流柱，大量电火花汇集成电弧，属危险因素。电火花大体分为以下两类。

（1）工作电火花：指电气设备正常工作时或正常操作过程中产生的火花，如交、直流电动机电刷接触滑动小火花，开关或接触的开合的火花等。

（2）事故火花：指线路或设备发生故障时出现的火花。如发生短路或接地时的火花、绝缘损坏及导电体松脱时的火花、保险丝熔断时的火花、过压放电火花、静电火花、感应电火花及修理工作中错误操作火花等。

2）电气设备过热

（1）电路短路。

发生短路时，电路中的电流增加到正常时的几倍甚至几十倍，此时产生的热量与电流平方成正比，这使得温度急剧上升，大大超过允许范围，达到自燃物的自燃点或可燃物的燃点时会引起燃烧，导致火灾。容易发生短路的情况如下：

① 电气设备的绝缘老化变质，受机械损伤或在高温、潮湿或腐蚀的作用下使绝缘损坏；

② 安装和检修工作中接线和操作错误；

③ 由于管理不严或维修不及时，有污物聚积、小动物钻入等。

（2）过载。

过载也会引起电气设备发热。造成过载的原因大体有如下几种情况：

① 设计、选用的线路或设备不合理，以致在额定负载下出现过热现象；

② 使用不合理，如超载运行、连续使用时间超过线路或设备的设计值，造成过载；

③ 设备故障运行造成设备和线路过载，如三相电动机单相运行、三相变压器不对称运行，均可造成过热。

（3）接触不良。

因接触不良导致电气设备过热的情况有以下几种：

① 不可拆卸的接头连接不牢、焊接不良或接头处混有杂质，都会增加接触电阻而使接头过热；

② 可拆卸的接头连接不紧密或由于震动而松动也会导致过热；

③ 活动触头如刀开关的触头、接触器的触头、插入式熔断器的触头等，没有足够的接触压力或接触表面粗糙不平，都会导致触头过热；

④ 电刷的滑动接触处没有足够的压力或接触表面脏污、不光滑，也会导致过热。

（4）散热不良。

各种电气设备在设计和安装时都设置有一定的散热或通风设施，如果设施受到破坏，可造成设备过热。

（5）发热量大的一些设备安装或使用不当。

电灯、电炉等直接利用电流产生的热能工作的电气设备，工作温度都比较高，如果安装和使用不当，可能会引起火灾。

5.3　实验室常见电气事故及预防措施

教学课件 5.3

5.3.1　实验室常见的电气事故

用电装置在高校化学实验室的科研、教学工作中是不可或缺的。同企业等其他单位(部门)相比，高校实验室发生电气事故的原因主要在于以下几方面。

1）插头与接线板数量多，易引发事故

（1）易燃物品压住插座或粉尘落入插座孔，造成短路而发热燃烧。

（2）用导线的裸线头代替插头插入插座，往往造成短路或产生强烈的火花而引发火灾或爆炸。

（3）乱接临时线，由于电线过长，容易受到机械挤压或化学试剂腐蚀损伤绝缘层而造成短路，进而引起触电或火灾事故。

（4）插头与插座或接线板严重过负荷。

（5）使用劣质的插头、插座或接线板。

2）违章操作

对实验室内的供电、用电设备，没有按照使用说明进行操作与使用，容易引发事故。其主要体现在以下几个方面：

(1) 学生充当电工的角色，随意改动或修理实验室内的供电设备及其线路，容易造成触电事故或者造成短路事故而引发火灾。

(2) 对于科研实验所用的电气设备，没有按照要求进行接线使用。如对于新安装的设备，没有阅读说明书就急忙找个插座通电，容易造成严重的电气事故。

(3) 使用电气设备时无人看守，人离开实验室电气设备仍在运行，或即使电气设备停止运行却仍处于通电状态。在这种情况下，一旦设备出现故障便极易引发火灾。

3) 实验室本身危险因素多

例如，在放有易燃易爆危险品的实验室中，由于电气设备启动或进行插、拔设备插头等操作时产生电火花，引燃达到爆炸极限的室内混合气体而引起事故。

4) 设备缺乏维护、检修或存在质量问题

实验室内的供电设备、线路及用电设备没有做好有效维护与检修，或者线路、设备本身的质量与安装质量存在缺陷，从而引发事故。

5.3.2 电气设备的安全使用

电气设备在接电前要进行以下三个方面的安全检查：

(1) 查设备铭牌；

(2) 查环境电源，检查电压、容量是否与设备吻合；

(3) 查设备本身，检查电源线是否完好，外壳有无可能带电。

还要注意的是，使用大功率电气设备如烘箱、恒温水浴、离心机、高温电炉等时，要严防触电，绝不可用湿手或在眼睛旁视时开、关电闸和电器。

5.3.3 实验室电气事故的预防措施

为防止电气事故的发生，必须采取以下安全防护措施。

(1) 遵循用电安全的基本要素：电气绝缘良好、保证安全距离、线路及插座容量与设备功率相适宜、不使用三无产品。使用电源时，应首先确认仪器的使用电压(如 220 V 或 380 V)、插头是两插还是三插。

(2) 使用电气装置时，手部必须干燥，以降低发生触电的危险。

(3) 不要超负荷用电，电热设备、空调等大容量用电设备应使用专用线路和插座，不要在温度范围的最高限值下长时间使用电热设备。

(4) 实验室内电气设备及线路设施必须严格按照安全用电规程和设备的要求实施，不许乱接、乱拉电线；墙上电源未经允许，不得拆装、改线。布线时，电线应置于绝缘管中埋于地下或墙体中，如图 5-1 所示。

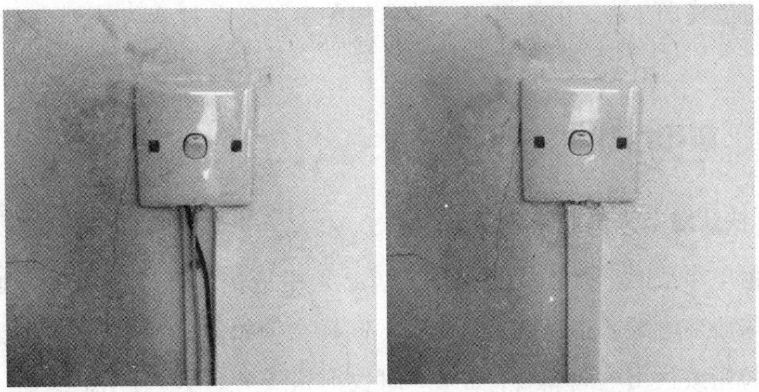

布线不正确　　布线正确

图 5–1　临时布线的正确做法

（5）实验室中所有电源裸露部分都应配备绝缘装置，电源开关应有绝缘盒，电线接头必须包有绝缘胶布或套腔管；所有电器设备的金属外壳应接地；已损坏的接头或绝缘不好的电线应及时更换，不能直接用手去触摸绝缘不好的通电电器。

（6）在移动电热套、恒温磁力搅拌器等电气设备时，必须先切断电源并保护好导线，以免磨损或拉断。

（7）维修或安装电气设备时，一定要先切断电源，最好不要一个人单独进行，至少要由 2~3 人一起操作。操作时应在明显处放置“禁止合闸，有人工作”的警示牌。

（8）每一个实验室都应规定最大允许使用电流，并设有电源总闸。停止工作时，必须把总电闸关闭。临时停电时，要关闭一切电气设备的电源开关，待恢复供电时再重新开始工作。

（9）严禁使用湿布擦拭正在通电的设备、开关、插座、电线等，严禁在电器设备和线路上洒水。

（10）为了防止电气设备漏电，要经常清除沾在设备上的脏物或油污，设备的周围也要保持清洁；配电箱、开关、变压器等各种电气设备附近不得堆放易燃易爆、潮湿和其他影响操作的物件；禁止高温热源靠近电线。

5.4　实验室电气事故的应急处理

教学课件 5.4

如果事故不可避免地发生了，第一时间进行现场急救就十分关键。很多触电者的心脏虽然停止跳动、呼吸已经停止，但如果处理及时、准确，并能迅速进行抢救，仍然可以挽回生命。由此可见，学习相关事故应急处置方法与急救措施是十分必要的。

5.4.1 触电急救

1）尽快让触电人员脱离电源

发生触电事故时千万不要惊慌失措，必须用最快的速度使触电者脱离电源。触电者在未脱离电源前本身就是带电体，同样会使抢救者触电。脱离电源最有效的措施是拉闸或拔出电源插头，如果一时找不到或来不及，可用绝缘物(如带绝缘柄的工具、木棒、塑料管等)移开或切断电源线。

2）实施急救并求医

触电者脱离电源后，应迅速将其转移到附近空气流通的地方，解开衣服使其全身舒展。同时用棉花蘸些氨水放在触电者鼻孔下面，以凉毛巾摩擦全身，使其尽快恢复知觉。如果触电者处于休克状态并且心脏停搏或呼吸停止，要毫不迟疑地立即施行心脏按压或人工呼吸，必须坚持人工呼吸直至触电者能够自行呼吸为止，没有明显的死亡征象不应停止人工呼吸；同时立即拨打“120”，尽快将触电者送往医院，途中继续进行心肺复苏术。

触电急救的关键是动作迅速。从触电 1 min 开始救治者，90%有良好效果；从触电 6 min 开始救治者，10%有良好效果；而从触电后 12 min 开始救治者，救活的可能性很小。

3）人工呼吸施救要点

(1) 将伤员仰头抬颏，取出口中异物，保持气道畅通。

(2) 捏住鼻翼，口对口吹气(不能漏气)，每次 1~1.5 s，每分钟 12~16 次，如图 5-2(a)所示。

(3) 如果伤员牙关紧闭，可口对鼻进行人工呼吸，注意不要让嘴漏气。

4）胸外按压施救要点

胸外按压施救如图 5-2(b)所示。

(1) 找准按压部位：右手食指和中指沿触电者的右侧肋弓下缘向上，找到肋骨和胸骨结合处中点；两手指并齐，中指放在切迹中点(剑突底部)，食指平放在胸骨下部；另一只手的掌根紧挨食指上缘置于胸骨上，掌根处即为正确按压位置。

(2) 按压动作不走形：两臂伸直，肘关节固定不屈，两手掌相叠，每次垂直将成人胸骨压陷 3~5 cm，然后放松。

(3)以均匀速度进行，每分钟 80 次左右。

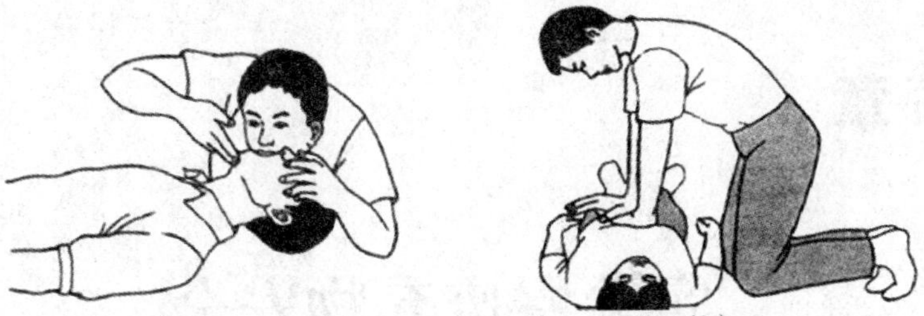

（a）　　　　　　　　（b）

图 5-2　人工呼吸示意图和胸外按压示意图

5.4.2　电气灭火

当实验室出现电气火灾时，应冷静、积极应对。

(1) 发现电子装置、电气设备、电缆等冒烟起火，要尽快切断电源(拉下电闸、拔出电源插头)，以免事态扩大；及时通过电话向火警“119”和学校保卫处值班室报警。

(2) 迅速使用沙土、二氧化碳或四氯化碳等不导电灭火介质灭火，忌用泡沫或水进行灭火。

(3) 灭火时不可将身体或灭火工具触及导线和电气设备。

思考题

(1) 总结实验室安全用水注意事项。

(2) 为什么不能用湿手接触通电设备？

(3) 防止触电的基本措施有哪些？

(4) 电气设备在接电前要对哪几个方面进行安全检查？

(5) 哪些电气设备应使用专用线路和插座？

(6) 用什么方法能使触电者迅速脱离带电物体？

(7) 触电急救的关键是什么？

(8) 查找实验室常见用电错误及用电安全隐患。

(9) 胸外按压施救要点有哪些？

安全隐患
查找练习

第 6 章

实验室废弃物安全

化学是一门以实验为基础的科学，教学及科研活动都离不开实验室，化学反应过程不可避免地会产生一定规模的废弃物。化学实验室废弃物种类繁多、组成复杂多变，处理难度大，尤其相当一部分是剧毒品、致癌物、易燃易爆品，有的还具有放射性，稍有不慎，就会酿成事故！合理地存储这些废弃物并对其进行无害化处理至关重要，每名实验人员都应该学习并掌握实验室废弃物管理规定及相关专业知识，妥善保管和处置好这类物质。

教学课件 6.1

6.1 化学实验室常见废弃物种类和特性

实验废弃物是指在实验室内进行的教学、科研及其他各项活动中产生的、已失去使用价值的气态、固态、半固态及液态物质的总称，主要包括实验过程中产生的“三废”(废气、废液、固废)物质，实验用剧毒物品，精神类、麻醉类及其他药品残留物，实验动物尸体及器官组织，病原体，放射性物品，以及实验耗材、橱柜、电器、生活垃圾等各类废弃物。

6.1.1 化学实验室常见废弃物种类

化学实验室污染有以下三个特点：间歇性、复杂性及对生态和人强烈的毒性作用。按照形态分类，实验室废弃物可分为废气、废液和固体废弃物三种类型。而随着学科交叉融合，化学实验室涉及的生物及生物化学实验也日益增多，所产生的生物性废弃物也越来越多。

1）废气

废气包括挥发性试剂和反应过程的中间产物(如酸、碱性废气和有机废气等)，这些气体或难闻、或有毒、或有腐蚀性，长期接触对人体有很大的危害；如不经处理直接排放入大气，势必会对周边环境造成污染。

2）废液

废液可分为有害废液和无害废液。有害废液包括含铅、铬、镉、汞等重金属的实验室废液，某些剧毒氰化物，芳香族致癌、致畸有机废液。这些废液难以处理，如果直接排入下水道，多数被稀释，难以降解，在自然界中循环可能污染饮用水源，造成严重的后果。

3）固体废弃物

固体废弃物包括实验过程中产生的空瓶、沾染性试管、破损玻璃器皿、滤纸、手套等沾染性固体废物，失效药品，反应产生的沉淀及蒸馏残渣等。若管理粗放不规范，排放源不可控，人员安全意识淡薄，会对相关人员及周边环境造成极大的危害。

4）生物性废弃物

（1）感染性废物。

感染性实验废弃物是指携带病原微生物，具有引发感染性疾病传播危险的废物,包括培养基、标本和菌(毒)种保存液；废弃的血液、血清样品；用过的一次性医疗用品、一次性医疗器械、一次性实验用品及实验器械；等等。

（2）病理性废物。

病理性废物是指在实验过程中产生的实验动物尸体、器官组织及病理切片后废弃的人体组织、病理切片等。

（3）损伤性废物。

损伤性废物是指能够刺伤或割伤人体的废弃的医用锐器，包括医用针、解剖刀、手术刀、载玻片、玻璃试管、玻璃安瓿瓶等。

（4）药物性废物。

药物性废物是指过期、淘汰、变质或被污染的废弃药品，包括废弃的一般性药品、废弃的细胞毒性药物和遗传毒性药物，以及废弃的疫苗、血液制品等。

6.1.2　化学实验室常见废弃物特性

由于教学、科研、检测的内容的需要，即便是一项实验中，通常也会用到多种化学试剂，往往一个实验就会产生含很多有害物质的废液或多种废液。化学实验室常见废弃物具有以下特性。

1）单一种类数量少、种类繁多

不同实验产生不同的废弃物，具有多变性；大多数情况下，教育、科研类的实验随着学校课业、科研课题的安排而变化，科研类的实验室不会重复单一种类实验，大部分实验次数和实验量有限。

2）分散性、件数多

实验室废液大多是少量、间断性产生，零星的在多个型号各异的小型容器中暂存。

3）具有多种危害性

实验室废弃物大都具有毒性、腐蚀性、爆炸性、易燃性、挥发性等多种危害性。

4）具有隐蔽性

实验室废液的产生、收集及特性等情况都由实验者本人所掌控，其他人很难及时了解详细信息。若实验人员环境保护意识不强、工作习惯不好，就会造成有意、无意的无组织的排放或危害特性的缺失，给监督和管理带来困难。

教学课件 6.2

6.2 常见化学废弃物的分类收集和集中存放

化学实验室每天都会产生一定量的化学废弃物，如果处理不当则造成环境污染甚至发生危险。因此，实验人员应掌握一些常见的废弃物的收集和储存方法。对实验废弃物应实行科学、合理、有效的分类管理，避免出现随意倾倒废液、随手丢弃杂物、直接排放废气等违规操作现象。

6.2.1 废弃物的正确包装

1）选对容器

目前实验室废液管理中，包装容器混乱的问题比较突出，主要体现在容器的材质、尺寸、颜色、外观等方面缺乏统一性。实际使用的容器有废试剂瓶、产废单位自行选用的包装容器，如各种规格的塑料桶、铁皮桶、试剂瓶、饮料瓶、矿泉水瓶(矿泉水桶)等。

根据《危险废物收集 贮存 运输技术规范》(HJ 2025—2012)，为保证收集、运输、贮存安全，综合考虑包装容器的安全性、易操作性，应从材质、尺寸、运输、外形等方面入手。目前所使用的废液回收桶材质主要有金属材质和塑料材质两种。金属材质回收桶主要用来收集挥发性有机溶剂，能承受一定的压力。塑料材质回收桶通常有多种颜色，可用来装大部分废液。回收桶通常使用带有盖子的漏斗，既方便废液的倒入，又可以防止气味的扩散。有的塑料回收桶还带有防漏托盘和防倾倒附件，安全性较高。图 6-1 给出了几种常见的废液回收桶。

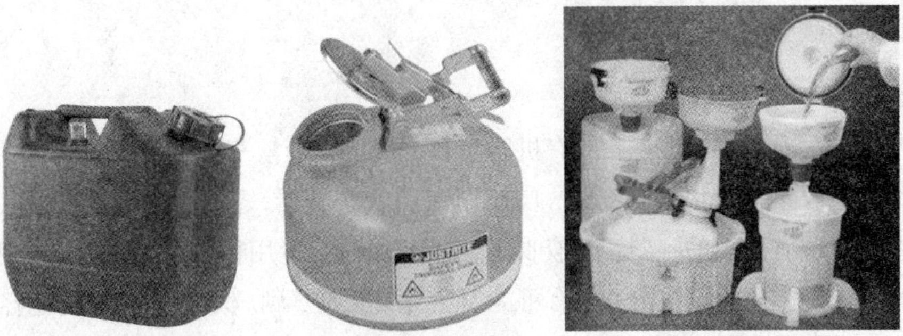

（a）塑料回收桶　　（b）金属废液罐　　（c）带附件回收桶

图 6-1　几种常见的废液回收桶

2）贴准标签

所有废弃物的装载容器都应密封完好，表面清洁，标识清晰易读，标签贴附牢固，旧标签全部去除。标签的样式和尺寸应参照规范，应标明废弃物名称、类别、危险情况、安全措施，以及实验室废弃物产生单位、地址、电话及日期等信息，如图 6-2 所示。当含有多种化学品时，一般只需列出主要废弃物成分。

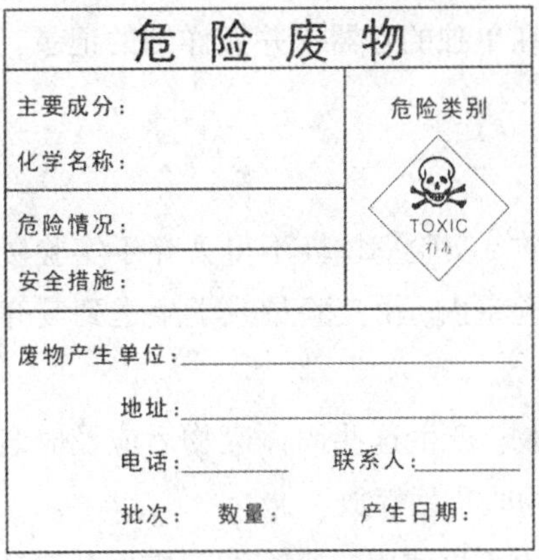

图 6-2　危险废物标签

6.2.2　化学实验室常见废弃物分类收集

化学实验产生的废弃物及过期不再使用的危险化学品不能随意丢弃或排放，也不得随意掩埋固态、液态化学废弃物，必须严格按照规范程序将各类废弃物进行分类收集、存放和规范、妥善处理。操作前应对照废液相容表，禁止将不相容废液混装。合理的收集能够降低后续工作的难度及整体成本和风险。

1）废气

凡是有气体产生的实验都须在通风橱中进行，对产生有害气体的实验必须进行必要的吸收处理。

2）废液

可按含卤有机废液、一般有机废液和一般无机废液三类进行收集处置。

（1）收集一般化学废液时，应使用专用收集容器，容器口应密封良好，不能使用敞口或有破损的容器；废液收集容器上须贴有专用标签，标签上应详细记录倒入废液的主要化学成分；如有可能发生异常反应，则应单独暂存于其他容器中；废液不应超过容器最大容量的 80%，当废液收集到一定量时，联系相关单位，统一处理。

（2）收集有机废液时，不得将有机废溶剂、废试剂等直接倒入下水道进行排放，须按照“碳氢化合物”“卤代烃”等进行分类，分别存放于专门的有机废液收集容器中。

（3）收集无机废液时，不得将含无机重金属的无机废液直接通过下水道进行排放，须存放于专门的废液桶中，送有资质的单位进行统一处理。

（4）对于实验室产生的剧毒废液，能进行无害化处理的先进行无害化处理，无法处理的应分别暂存在单独的容器中并做详细的记录，不能将不同种类剧毒废液混装在一个容器中。

3）固体废弃物

（1）无害固体废弃物。实验室垃圾不得丢弃于实验楼走廊内，必须用垃圾袋或垃圾桶存放于各个实验室内，由实验员或学生送到废弃物收集站集中存放，不得与生活垃圾混放。

（2）有害固体废弃物。产生这些固体废物后应及时装入容器，贴好标签，并做详细的记录，送废弃物收集站存放。

过期或由于其他原因不再使用的废弃试剂应原瓶存放，保持原有标签。积存到一定量时应及时联系相关单位进行统一处理。

4）生物性废弃物

生物性废弃物的包装袋分为黄色袋和红色袋两种。黄色袋收集感染性废物及病理性废物，适用于化学消毒处理；红色袋收集药物性和化学性废物，不适用于化学消毒处理，应单独收集，包装袋上应有医疗废物标签。

化学废弃物存放处

6.2.3 废弃物的集中存放

由于实验室废弃物化学成分复杂，因此一定要将其保存在避光、低温、通风、干燥的专门的房间或场所，实验室内不得堆放大量废弃物。同时要高度重视贮存场所建设，贮存设施设计、运行、安全防护和监测等均应符合标准，并在明显处设置警示牌，应有专人负责，定期检查并记录。

实验室废物暂存柜是近几年出现的，是专门用于实验室废物贮存的移动式存储、中转装置，如图 6-3 所示。其内部为定制的废物存放柜，可临时存放百余桶实验室废液。该装置可灵活设置在化学实验室附近的空地上，能满足实验室的日常要求。通过科学设计，使废液暂存柜兼具通风、废气处置、应急等功能，更安全、整洁、环保，也使日常维护管理变得更为方便。

图 6-3　实验室废物暂存柜

6.2.4　废弃物收集和储存的注意事项

实验废液相容表

（1）如果用旧试剂瓶做液体废弃物容器，应注意旧试剂瓶原有的试剂不得与废弃物发生化学反应。

（2）一个容器内，一般不得存放不同化学反应产生的相同溶剂，不得存放不同溶剂（即使理论上它们之间不会发生化学反应）。下列废液尤其不能相互混合：过氧化物与有机物；氰化物、硫化物、次氯酸盐与酸；盐酸、氢氟酸等挥发性酸与不挥发性酸；浓硫酸、磺酸、羟基酸、聚磷酸等酸类与其他的酸；铵盐、挥发性胺与碱。

（3）废弃物应根据其物理和化学性质分类保存。值得注意的是，酸存放时，应远离活泼金属（钠、钾、镁等）、氧化性的酸或易燃有机物、相碰后会产生有毒气体的物质（氰化物、硫化物等）；碱存放时，应远离酸及一些性质活泼的物质；易燃物应避光保存，并远离一切有氧化作用的酸，或能产生火花火焰的物质，且贮存量不可太多，需及时处理。

(4) 废弃物容器应有外包装箱，装有液体废弃物的玻璃容器之间应有隔挡，避免玻璃容器之间相互碰撞造成破损。

(5) 搬运废弃物应注意小心轻放。像含有过氧化物、硝化甘油等爆炸性物质的废液，要更加小心谨慎。

(6) 废弃物不宜保存时间过长，一般应在一周内处理。特别是毒性大的废液要立即处理，如硫醇、胺等能发出臭味的废液，能产生氰、磷化氢等有毒气体的废液，二硫化碳、乙醚等燃烧性强的废液。

(7) 废弃物不得保存在通风柜、试剂柜、实验室、走廊，不得随意丢弃于垃圾站。

(8) 在盛装生物废物前，应对废物包装物或容器进行认真检查，确保无破碎、渗漏和其他缺陷。

(9) 废弃物储存场所要做好人员的安全防护，如配备专用的防溅眼罩、手套和工作服，在特殊情况下于通风柜外处理废弃物时，操作人员必须戴上具有过滤功能的防毒面具。

(10) 制定严格的应急程序，并在醒目处张贴；定期组织应急演练；备置足够、合格的应急器材，以应对在处理、收集及存放实验室废弃物时发生的溢出、泄露、火灾等紧急情况。

教学课件 6.3

6.3 常见废弃物的处理方法

6.3.1 废气无害化处理

一些化学实验会产生大量的废气，如氯气、氨气、二氧化碳、二氧化硫、一氧化碳等，这些废气有的难闻、有的有毒、有的有腐蚀性，长期接触对人体有相当大的危害，合理地处理实验过程中产生的废气是十分重要的。

若产生的废气毒性较小，可以直接通过通风设备排放至室外；若废气毒性较大，则需要根据废气的不同性质进行处理。常用的废气处理方法有溶液吸收法和固体吸收法，其中溶液吸收法是通过酸碱中和原理，利用适当的溶液处理废气，而固体吸收法则是通过固体吸收剂吸附废气中的污染物来消除其危害。此外，对于部分有害的可燃性气体，可以在排放口点燃以消除危害。

6.3.2 固体废弃物无害化处理

实验室废渣主要包括用过的试剂瓶、破损的玻璃器皿、废纸片、失效的实验药品和实验产生的产品等。这些物质大多含有毒有害成分，若不加以处理就直接排放，则会对环境产生很大的危害。因此，应采取有效的措施对实验室产生的废渣进行处理。

对于固体原料，无论剩多少一律回收，留作下次实验使用；对于固体生成物应尽量利用，不能利用的，就要在回收后进行无毒害化处理；对于有毒的废渣必须先进行化学处理，消除其毒性后，再掩埋于远离居民区的指定位置或作焚烧处理；实验室无法自行处理的废弃物，待达到一定数量后集中收集，必须交由环境保护主管行政部门指定的有处理能力的单位统一处理。

金属钠渣的处理

6.3.3 废液无害化处理

1）无机废液的处理

（1）含氰废液的处理。

对于低浓度的氰化物废液可直接加入氢氧化钠调节，使其 pH 值达到 10 以上，再加入高锰酸钾粉末（约 3%），使氰化物氧化分解。若氰化物浓度较高，可用氯碱法氧化分解处理。

（2）含铬废液的处理。

在含铬废液中，铬的存在形式为六价铬离子（$Cr_2O_7^{2-}$ 及 CrO_4^{2-}）和三价铬离子 Cr^{3+}。处理含铬废液时，首先在酸性条件下加入还原剂将其还原为 Cr^{3+}，然后在 pH 8~9 条件下，再将 Cr^{3+} 转化为氢氧化亚铬沉淀，经过滤后除去沉淀。

(3) 含汞废液的处理（汞的最高容许排放浓度是 0.05 mg/L）。

① 沉淀法：先将含有汞盐废液的 pH 值调至 8~10，然后加入过量的 Na_2S 生成 HgS 沉淀，再加入 $FeSO_4$（共沉淀剂），与过量的 S^{2-} 生成 FeS 沉淀，将悬浮在水中难以沉淀的 HgS 微粒吸附共沉淀，经过滤后除去。

② 还原法：用铜屑、铁屑、锌粒、硼氢化钠等作还原剂，可以直接回收金属汞。

③ 收集法：由于操作不慎将压力计、温度计打碎或在极谱分析中将汞撒落在实验台、水池、地面上时，要注意实验室的通风，并及时用滴管、毛刷等工具尽可能地将散落的汞收集起来放于盛有水的烧杯中，对于洒落在地面难以收集的微小颗粒，应立即撒上硫粉，使其生成毒性较小的硫化汞。

（4）含铅废液的处理。

向废液中加入 $Ca(OH)_2$ 调节 pH 值大于 11，使废液中的铅生成 $Pb(OH)_2$ 沉淀。然后加入 $Al_2(SO_4)_2$（凝聚剂），将溶液 pH 值降至 7~8，此时 $Pb(OH)_2$ 与 $Al(OH)_3$ 发生共沉淀，经过滤、离心等操作分离沉淀。

(5) 含镉废液的处理。

① 氢氧化物沉淀法：在含镉的废液中加入 $Ca(OH)_2$ 调节 pH 值至 10.5 以上，使 Cd^{2+} 变为难溶的 $Cd(OH)_2$ 沉淀。分离沉淀，用双硫腙分光光度法检测滤液中的 Cd^{2+}，降至 0.1 mg/L 以下后，将滤液中和至 pH 值约为 7，即可排放。

② 离子交换法：与水中其他离子相比，Cd^{2+} 与阳离子交换树脂有更强的结合力，可以优先实现离子交换。

(6) 含砷废液的处理。

在含砷废液中加入 $FeCl_3$，使 Fe/As 达到 50，然后用 $Ca(OH)_2$ 调节废液的 pH 值至 8~10。利用新生成的氢氧化物和砷的化合物共沉淀作用，除去废液中的砷。

(7) 含钡废液的处理。

在废液中加入 Na_2SO_4 溶液，分离生成沉淀后，废液即可排放。

(8) 含硼废液的处理。

把废液浓缩，或者用阴离子交换树脂吸附。对含有重金属的废液，按含有重金属废液的处理方法进行处理。

(9) 含氟废液的处理。

废液中加入 $Ca(OH)_2$ 至废液充分呈碱性为止，充分搅拌后放置一夜，过滤；滤液按含碱废液处理。若要进一步降低氟的浓度，需用阴离子交换树脂进行处理。

(10) 无机酸、碱类废液的处理。

用酸、碱调节废液 pH 为 3~4，加入铁粉，搅拌 30 min 后用碱调节 pH 至 9 左右，继续搅拌 10 min，加入 $Al_2(SO_4)_2$ 或碱式 $AlCl_3$ 混凝剂混凝沉淀，上清液可直接排放，沉淀以废渣方式处理。

2) 有机废液的处理

(1) 可回收利用的一般有机溶剂废液的处理。

① 乙醚的回收。先用水洗涤乙醚废液，然后用酸或碱调节溶液 pH 至中性，再用 0.15%高锰酸钾洗涤溶液至紫色不褪去后用蒸馏水洗涤，然后用 0.15%~1%硫酸亚铁铵溶液洗涤除去过氧化物，最后用蒸馏水洗涤 2~3 次。

② 三氯甲烷的回收。将三氯甲烷废液按顺序用蒸馏水、浓硫酸(三氯甲烷量的 1/10)、盐酸羟胺溶液(0.15%、分析纯)洗涤。用重蒸馏水洗涤 2 次后用无水氯化钙脱水干燥，放置几天后过滤、蒸馏。

③ 四氯化碳的回收。对于含双硫腙的四氯化碳，先用硫酸洗涤一次，再用蒸馏水洗涤两次，除去水层，加入无水氯化钙干燥、过滤后进行蒸馏，蒸馏时水浴温度控制 90~95℃，收集 76~78℃的馏出液。对于含铜试剂的四氯化碳，只需用蒸馏水洗涤两次，经无水氯化钙干燥后过滤、蒸馏。对于含碘的四氯化碳，在四氯化

碳废液中滴加三氯化钛至溶液呈无色，用纯水洗涤两次，弃去水层，用无水氯化钙脱水，然后过滤、蒸馏。

（2）含氮、硫及卤素类的有机废液的处理。

此类废液包括含吡啶、喹啉、氨基酸、酰胺、二甲基甲酰胺、二硫化碳、硫醇、烷基硫、硫脲、噻吩二甲基亚砜、氯乙烯类、氯苯类、酰卤化物、含氮、硫、卤素的染料、农药、颜料及其中间体等的废液。其中对可燃性物质，可用焚烧法处理。但必须采取相应的措施除去由燃烧产生的有害气体（如 SO_2，HCl，NO_2 等）。对难于燃烧的物质及低浓度的废液，可用溶剂萃取法、吸附法及水解法进行处理。但像氨基酸等易被微生物分解的物质，用水稀释后即可排放。

溴化乙锭废液的处理

（3）含有机磷的废液的处理。

此类废液包括含磷酸、亚磷酸、硫代磷酸及磷酸酯类、磷化氢类、磷系农药等物质的废液。对浓度高的废液可进行焚烧处理（因此类废液中含难于燃烧的物质多，故可与可燃物质混合进行焚烧）。对浓度低的废液，经水溶解或萃取后，用吸附法进行处理。

（4）含酸、碱、氧化剂、还原剂及无机盐类的有机类废液的处理。

此类废液包括含有硫酸、盐酸、硝酸等酸性和氢氧化钠、碳酸钠、氨等碱性，以及过氧化氢、过氧化物等氧化物与硫化物、联氨等还原剂的有机类废液。首先，按无机类废液的处理方法，将其分别加以中和。然后，若有机类物质浓度大时，用焚烧法处理（保管好残渣）。能分离出有机层和水层时，将有机层焚烧，对水层的废液，则用吸附法、溶剂萃取法或氧化分解法进行处理。对易被微生物分解的物质，用水稀释后即可排放。

（5）含酚类物质的废液的处理。

此类废液包括含苯酚、甲酚、萘酚等的废液，属剧毒类细胞原浆毒物。对高浓度的含酚废液，可通过乙酸丁酯萃取，再加少量的氢氧化钠溶液反萃取，经调节 pH 值后进行蒸馏回收。而低浓度的含酚废液可加入次氯酸钠或漂白粉，然后加热溶液使酚分解为二氧化碳和水，也可用吸附法、溶剂萃取法或氧化分解法处理。

6.3.4 生物性废弃物的处理

生物性废物应根据其病源特性、物理特性选择合适的容器和地点，专人分类收集后进行消毒、烧毁处理。

1）感染性废物处理

感染性废物处理的首要原则是所有感染性材料必须在实验室内清除污染、高压灭菌或焚烧。去污染处理后分类收集，不可混杂生活垃圾，损伤性废物装入利器盒，由专职人员收集至废物处置点，再由废物处置中心转运集中处理。

2）病理性废物处理

病理性废物应用黄色医疗废物塑料袋密闭包装，贴上标签，统一回收，当日焚烧。若没有专门的焚烧炉，则需要由合格的废弃物处理单位定期清运、处理。

3）损伤性废物处理

废弃的损伤性废物，应放入利器盒密闭包装，贴上标签，统一回收，当日焚烧。利器盒密闭后不允许再打开。

4）药物性废物处理

对于少量的药物性废物可按照感染性废弃物处理，大量的药物性废物则需要由合格的废弃物处理单位定期清运、处理。

思考题

(1) 化学实验室常见的废弃物有哪几类？

(2) 挥发性有机溶剂废液应使用什么材质回收桶收集？为什么？

(3) 塑料回收桶为什么带有防漏托盘？

(4) 实验室危险废物标签都包含哪些信息？

(5) 实验室为什么禁止不相容废液混装？

(6) 过期或由于其他原因不再使用的废弃试剂应如何处理？

(7) 举例说明哪些废弃物不能混合存放？

(8) 实验室常用的废气处理方法有哪些？

(9) 含氰废液如何进行无害化处理？

(10) 含汞废液如何进行无害化处理？

安全隐患
查找练习

第 7 章

事故急救与应急处理

根据海因里希的事故归因论：88%人的不安全行为、10%物的不安全状态、2%不可控因素是事故发生的原因；而人的不安全行为或物的不安全状态是由于人的缺点造成的。由此可见，预防事故发生的首要任务是控制人的不安全行为这一事故触发因素。因此，必须从“人”着手，培养学生的安全意识和素养，建立其对安全事故的预判处理能力，才能最大限度地减少安全事故发生。

7.1　实验室火灾性及爆炸性事故

教学课件 7.1

实验是科学研究的必需阶段，实验室也是科研、教学必不可少的基础设施。实验室由于所用材料、实验条件的复杂，易发生火灾爆炸事故。而在各类实验室中，化学实验室易燃易爆化学物品数量大、种类多，火灾爆炸危险性也最大。

7.1.1　火灾性及爆炸性事故起因分析

1）高校实验室火灾、爆炸事故固有因素分析

（1）危险化学品。

对多起实验室火灾、爆炸事故研究发现，73%的事故涉及危险化学品，其中事故涉及易燃物质（易燃液体、易燃气体及加压气体、易燃固体）的占危险化学品火灾、爆炸事故总数的 89.7%，氧化物次之，爆炸物导致的事故最少。这和高校实验室较多采用易燃气体作为燃烧气源，易燃液体和固体作为主要实验试剂并较少使用爆炸品进行教学和科研有关。

（2）可能意外释放的能量（载体）。

在利用实验室进行正常的教学和科研实验的过程中，会涉及很多产生、供给能量的设备仪器，加工、处理危险物质的装置、设备、场所，能量聚集或突然释放的设备仪器，例如压力容器，反应釜，加热炉等。这些仪器设备在使用时会涉及热能、电能、机械能、化学能、势能等能量形式。除此之外，实验室引发火灾爆炸事故不可忽视的因素就是火源，无论是仪器设备正常使用过程的火源还是电气火花，摩擦撞击火花及外来火源都具有热能。任意能量一旦失去控制就会形成超压，转化为机械能对外做功引起爆炸，或形成热能引发火灾事故。

2）高校实验室火灾、爆炸事故触发原因分析

（1）人的不安全行为。

对高校实验室107起事故中的93起火灾爆炸事故所涉及的不安全行为因素进行统计分析，得出表7-1所列结果。

表7-1　高校实验室火灾爆炸事故中不安全行为类别统计

典型不安全行为类别	次	比例/%
违反设备操作规程	22	30.99
实验过程操作不慎	19	26.76
发现操作不当不及时制止	6	8.45
违反材料试剂取用规程	11	15.49
发现隐患不及时处理	7	9.86
实验后续(包括废弃物)处理不妥当	3	4.23
未佩戴防护用具，未开启防护装置	3	4.23

由表7-1分析可知，实验过程中违反实验操作规程(设备操作和试剂取用)和操作不慎出现的次数较多(共52次)，占不安全行为总数的73.24%。因此，在实验室中要严格控制实验人员的操作规范性，避免由于违规或不慎操作使实验室中的危险化学品或能量意外释放对实验人员及设备、设施造成伤害和损失的情况。

（2）物的不安全状态。

高校实验室中涉及众多的易燃危险化学品及承压、蓄热等能量承载设备，对于这些固有因素，当设备设施出现不安全的状态时就极有可能导致事故的发生。对事故中不安全物类别统计如表7-2所列。

表7-2　高校实验室火灾爆炸事故中不安全物类别统计

不安全物类别	次	比例/%
仪器设备及其防护装置、用具的老化、故障或缺陷	23	46
电气线路老化或故障	9	18
材料、试剂存放不规范	9	18

表 7-2(续)

不安全物类别	次	比例/%
实验设施器材布置不合理	3	6
材料试剂本身不合乎规范	2	4
其他(出现少于2次)	4	8

由表 7-2 分析可知，仪器设备及其防护装置的故障缺失是导致实验室火灾爆炸事故的主要不安全物态，发生次数占总次数比例为 46%，其次是电气线路及试剂存放问题，所占比例均为 18%。因此，在实验室中要注重仪器设备及其防护装置的维护监管，确保电气线路的安全性及试剂存放的规范性。

7.1.2 火灾及爆炸性事故的预防

火灾、爆炸事故作为实验室最为频发的事故类型，因其不确定性和高危险性，成为实验室事故防治的重中之重。

1）危险化学品预防

（1）必须集中存放于化学药品库，不允许贮放大量易燃易爆物，严禁将化学性质相抵触的药品混装、混放。

（2）实验剩余的易燃易爆试剂按规定送回原存放地点。

（3）易燃易爆使用量较大的特殊实验室，应采用防爆电气开关、防爆工具，确保导线及接点性能良好，以免产生电气火花，还应安装可燃气浓度监测及报警装置。

（4）在使用过程中，对其特性及操作规范要做到了然于胸并严格执行。对于易燃易爆物质，在操作时应当特别谨慎，远离火源，储存时也应隔离。

（5）对易爆炸固体的残渣（如用盐酸或硝酸分解金属炔化物），必须小心销毁。

2）仪器设备预防

（1）实验前，应仔细检查仪器装置连接是否正确、稳妥与严密，尤其要检查电源、管线、火源、辅助仪器设备等；设备的安装和使用都应符合有关防火防爆安全要求。

（2）实验时，应严格遵守安全管理规定及设备操作规程，选择合适的供电线路，严禁超负荷用电，接线应稳固；应放在洁净环境中且稳固，不得放置在临时支撑物上，且应远离易燃及可燃物品；要求操作正确、熟练；设备使用时应有人全程监控。

(3) 实验后，要关闭电源、火源、气源等，及时清除周边杂物和垃圾，做到人走断电。

3) 实验室人员预防

(1) 了解消防器材位置，知晓逃生通道。进行防火防爆培训，掌握各种物质火灾爆炸危险特性和防火防爆方法，学会使用不同的灭火器材扑救相应种类火灾。

(2) 熟练掌握危险化学品、仪器设备安全特性及操作规程，减少因不安全行为而造成的事故。

(3) 实验前熟读实验注意事项，实验时遵从指导，操作严谨、认真、细心。

(4) 定期检查确认电源、设备、药品等状态，实验后关好水、电、门、窗等。实验室安全隐患是：电！水！火！药！

4) 实验室设施预防

(1) 实验室安全出口及消防通道要保持畅通，避免人员进出时被绊倒，或成为危害发生时人员疏散的阻碍。

(2) 配置相应种类和数量的灭火器材及消防应急设施。

7.1.3 实验室发生火灾及爆炸事故时的应变程序

1) 实验室小型火灾应急处置

(1) 实验室一旦起火，要第一时间去切断电源，停止通风，隔离火源周围的一切可燃性物质尤其是有机溶剂或爆炸性物质，防止火势扩展。

(2) 弄清火灾发生原因，根据火灾性质迅速采取有效的灭火措施。具体情况包括以下几点：

① 地面或实验台面着火，若火势不大，可用灭火毯、石棉布、湿抹布、灭火硅胶、沙土等物质扑灭。

② 反应器内着火，可用灭火毯、石棉布、湿抹布等物质盖住瓶口灭火。

③ 有机溶剂和油脂类物质着火，火势小时，可用灭火毯、石棉布、湿抹布、灭火硅胶、沙土等扑灭，或撒上干燥的碳酸氢钠粉末进行灭火；火势大时，必须用二氧化碳灭火器、泡沫灭火器或四氯化碳灭火器扑灭。

④ 发生电起火时，应立即切断电源，不能用水及泡沫灭火器，可用二氧化碳灭火器或四氯化碳灭火器进行灭火(四氯化碳蒸气有毒，应在空气流通的情况下使用)。

⑤ 衣服着火后，切勿奔跑，应迅速脱衣，就地卧倒打滚，用水(有条件的实验室可用喷淋器)浇灭。

⑥ 在可燃液体燃着时，应立即拿开着火区域内的一切可燃物质，关闭通风器防止燃烧扩大。汽油、乙醚、甲苯等有机溶剂着火时，应用石棉布或干沙扑灭。绝对不能用水，否则反而会扩大燃烧面积。

⑦ 金属钾、钠或锂着火时，绝对不能用水、泡沫灭火器、二氧化碳灭火器、四氯化碳灭火器等灭火，可用干沙、石墨粉扑灭。

⑧ 烘箱有异味或冒烟时，应迅速切断电源，使其慢慢降温，并备好灭火器。切莫急于开烘箱门，以免突然进入空气助燃(爆)，引起火灾。

2）实验室大型火灾应急处置

若火势范围较大，在已经达到人员无法控制的情况下，应立即放弃自行灭火，拨打 119 电话向消防部门报警，通知所有人员沿消防通道紧急疏散。

火灾逃生注意事项包括以下几点。

（1）简易防护，不可缺少。用湿毛巾捂住口鼻，弯腰低姿前行，避免浓烟侵袭。

（2）善用通道，莫入电梯。不可搭乘电梯，避免火灾导致电源终端困于电梯中；要顺着指示标识，向安全出口方向逃出。

（3）缓降逃生，滑绳自救。千万不要盲目跳楼，可利用疏散楼梯、阳台、落水管等途径逃生自救；也可用身边的绳索、窗帘、衣服自制简易救生绳，并用水打湿，紧拴在窗框、暖气管、铁栏杆等固定物上，用毛巾、布条等保护手掌、顺绳滑下，或下到未着火的楼层脱离险境。

（4）发出信号，固守待援。若所有逃生路线被大火封锁，要立即退回室内，设法告知外面人你的待救位置，等待救援，要注意避免吸入浓烟。

7.2　实验室毒害性事故

教学课件 7.2

化学实验室常常要接触到多种具有不同程度毒性的化学药品，实验室中的毒害性事故也时有发生。实验人员了解中毒事故的预防及急救方法，可以减少化学毒物引起的中毒事故。一旦发生中毒事故，要争分夺秒地采取正确的自救措施，力求在毒物被身体吸收之前实现抢救，使毒物对人体的损伤减至最小。

7.2.1　毒害性事故的起因分析

毒害性事故多发生在具有化学药品和剧毒物质的化学实验室和具有毒气排放的实验室，常见原因如下：

(1) 违反操作规程，将食物带进有毒物的实验室，造成误食中毒。

(2) 仪器设备老化、存在故障或缺陷，造成有毒物质泄漏，或因通风设施故障，有毒气体不能排放到室外，致使实验人员中毒。

(3) 管理不善、操作不慎、违规操作或实验后有毒物质处理不当，造成有毒物品散落流失，引起人员中毒、环境污染。

(4) 废水排放管路受到阻塞或损坏，使有毒废水未经处理而流出，造成环境污染。

(5) 进行有毒有害操作时不佩戴相应的防护用具。

(6) 不按照要求处理实验“三废”，污染环境。

7.2.2　毒害性事故的预防

(1) 尽量减少或避免剧毒、有毒化学品的使用，或以无毒、低毒的化学品或工艺代替剧毒或有毒的化学品或工艺。

(2) 实验前应了解所用药品的毒性、性能；做好预防措施，加强个人防护，个人防护用品不得带出实验室。

(3) 实验中要采取隔离操作和自动控制等，防止人和有毒物质直接接触。

(4) 实验中尽量避免吸入任何药品和溶剂蒸气。处理硫化氢、二氧化氮、氯气、液溴、一氧化碳、二氧化硫、三氧化硫、氯化氢、氢氟酸、浓硝酸、发烟硫酸、浓盐酸、乙酰氯等具有刺激性、恶臭和有毒的化学药品时，必须在通风橱中进行。通风橱开启后，不要把头伸入橱内，并保持实验室通风良好。

(5) 实验中应避免用手直接接触化学药品，严禁用手直接接触剧毒品，必须佩戴橡胶手套、护目镜等。沾在皮肤上的有机物应当立即用大量清水和肥皂洗去，切莫用有机溶剂清洗粘在皮肤上的化学药品，否则会增加化学药品渗入皮肤的速度。

(6) 溅落在桌面或地面的有毒物质应及时除去。如不慎损坏水银温度计，洒落在地上的水银应尽量收集起来，并用硫黄粉盖在洒落的地方。

(7) 实验中所用剧毒物质由各课题组技术负责人负责保管，适量发给使用人员并要回收剩余。装有有毒物质的器皿要贴标签注明，用后及时清洗。经常使用有毒物质的实验操作台及水槽要注明。

(8) 实验后的有毒残渣、废液等必须按照实验室规定进行处理，不准乱丢，离开实验室要洗手。

7.2.3　化学药品中毒的应急处理

实验中出现咽喉灼痛、嘴唇脱色或发绀、胃部痉挛或恶心呕吐等症状时，则可能是中毒所致。化学药品中毒处理程序如下：

（1）首先将中毒者转移到安全地带，解开领扣，使其呼吸通畅，让中毒者呼吸到新鲜空气。

（2）视中毒原因实施相应的紧急救助。

（3）立即送医院治疗，不得延误。

1）吞食时的应急处理方法

（1）催吐。

物理催吐：用手指、匙柄、压舌板、筷子、羽毛等钝物刺激咽喉后壁，引起反射性呕吐。

饮服催吐：可用 2%~4%盐水、淡肥皂水或芥末水催吐。必要时可给患者灌服 25~50 mL 的 0.5%~1%硫酸铜溶液。

注意事项：吞食酸、碱类腐蚀性药品或烃类液体时，因有胃穿孔或胃中的食物吐出呛入气管的危险，不可催吐。

（2）服用保护剂。

为了降低胃液中药品的浓度，延缓毒物被人体吸收的速度，缓和药品的刺激作用，保护胃黏膜，可饮食水、牛奶、鸡蛋清、食用油、面粉、淀粉、土豆泥的悬浮液等食物；也可在 500 mL 的蒸馏水中，加入 50 g 活性炭，用前再加 400 mL 蒸馏水，将其搅拌均匀，少量多次给患者吞服。一般 10~15 g 活性炭可吸收 1 g 毒物。注意，磷中毒者不能饮牛奶。

（3）解毒法。

吞服万能解毒剂（2 份活性炭、1 份氧化镁和 1 份丹宁酸的混合物），用时可取 2~3 茶匙万能解毒剂，用水调成糊状物吞服。

2）吸入时的应急处理方法

（1）立刻将患者转移到空气新鲜的地方，解开衣服（注意保温），使其安静休息，必要时给中毒者吸入氧气，但不要随便使用人工呼吸。

（2）呼吸能力减弱时，要马上进行人工呼吸。

（3）心跳停止时，立即进行心肺复苏。

无机化学药品中毒的应急处理方法

3）进入眼睛时的应急处理方法

（1）撑开眼睑，用水洗涤 5 min，若用洗眼器时，要先放掉开始的脏水。

（2）不要使用化学解毒剂。

有机化学药品中毒的应急处理方法

（3）若有毒物或腐蚀物与水发生作用，应先用沾有植物油的棉签或干毛巾擦去毒物，再用大量水冲洗。

（4）一般酸、碱溅入眼内，在冲洗后，可涂抗菌眼膏。

（5）氢氟酸溅入眼内，应立即分开眼睑，用大量清水连续冲洗 15 min 左右，滴入 2~3 滴局部麻醉眼药，可减轻疼痛，同时送眼科诊治。

4）沾着皮肤时的应急处理方法

（1）用大量水不断冲洗皮肤污染处至少 15 min。若有毒物或腐蚀物与水发生作用（如浓硫酸、生石灰等），则应先用干布擦去毒物，再用大量水冲洗。

（2）若是酸沾着皮肤时：用大量水冲洗，再用碳酸氢钠之类稀碱液（3%~5%）或肥皂液进行洗涤（草酸中毒忌用），也可以用镁盐和钙盐中和。

（3）若是碱沾着皮肤时：立刻脱去衣服，尽快用水冲洗至皮肤不滑，涂以 3% 硼酸溶液，也可用经水稀释的醋酸或柠檬汁等进行中和。

（4）氢氟酸灼伤后，用大量水冲洗后，使用一些可溶性钙、镁盐类制剂，使其与氟离子结合形成不溶性氟化钙或氟化镁，从而使氟离子灭活。忌用氨水，因为氨水能与氢氟酸作用形成具有腐蚀性的二氟化铵。

7.2.4 实验室中毒现场救护方法

1）心肺复苏法

实验室中毒现场救护的主要方法是心肺复苏法，包括人工呼吸法和胸外按压法。之前章节有介绍，本节不再赘述。

2）洗胃

实验室应急处理的洗胃方法是将洗胃管经口腔插入患者胃内，如图 7-1 所示，利用重力或虹吸原理将胃内容物或毒物排出。

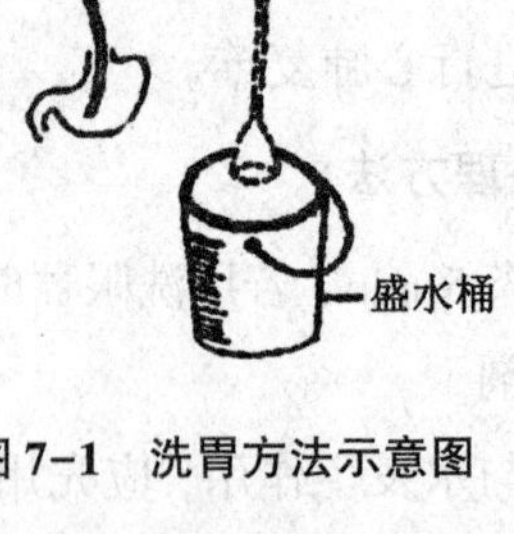

图 7-1　洗胃方法示意图

清醒患者可采取坐位或半坐位，中毒较重者或昏迷者取左侧卧位，尽量减少毒物进入十二指肠。在粗的柔软胃导管上装上大漏斗，把涂上甘油的胃导管从口或鼻慢慢地插入胃里，注意不要插入气管。查明在离牙齿约 50 cm 的地方，导管尖端确实落到胃中。将洗胃器漏斗放置低于胃的位置，挤压橡皮球抽出胃内容物，必要时送检。而后置漏斗高于患者口腔 30~40 cm 处，将洗胃液缓慢倒入；在溶液尚未流尽之前，速将漏斗倒转放低于胃部以下，利用虹吸作用引出胃内液体，使之流入污物桶内，如此反复操作几次。最后在胃里留下泻药（120 mL 水中溶解 30 g硫酸镁制成的溶液），拔出导管。

7.3　实验室灼烫伤事故

教学课件 7.3

在实验室里，皮肤的灼烫伤，常常是由于接触具有腐蚀性、刺激性的试剂、火焰、高温物体、电流等引起的。发生灼烫伤事故后，应沉着冷静，利用学习的相关处置方法和急救措施进行施救。

7.3.1　实验室灼烫伤的预防措施

防止灼烫伤事故应注意以下事项。

（1）做蒸馏、油品加热等实验时，佩戴好个人防护用品，尤其是保护好眼睛，在化学实验室里应该一直佩戴护目镜（平光玻璃或有机玻璃眼镜），防止眼睛受刺激性气体熏染，防止任何化学药品特别是强酸、强碱、玻璃屑等异物进入眼内。

（2）取用硫酸、硝酸、盐酸、氢氟酸、氢氧化钠、氨水和液体溴时应戴上橡胶手套，不要让这些试剂沾在手上。氢氟酸烧伤较其他酸碱烧伤更为严重，如不及时处理，将使骨脉组织坏死。故使用氢氟酸时要特别小心，操作后必须立即洗手，以免意外灼伤。

（3）禁止口吸吸管移取浓酸、浓碱、有毒液体，应该用洗耳球吸取。禁止冒险品尝药品试剂，不得用鼻子直接嗅气体，而是用手向鼻孔扇入少量气体。

（4）不要用乙醇等有机溶剂擦洗溅在皮肤上的药品，这种做法反而会加速皮肤对药品的吸收。

（5）使用酒精灯或喷灯时，酒精不应装得太满，并在点燃前先检查灯具外壁是否有酒精，以免点燃后将手烧伤。点燃时不要用引火方式，以免酒精洒出，引起火灾。

（6）在使用加热设备如电炉、烘箱、油浴、水浴等时应严格遵守安全操作规程，以防烫伤。

（7）实验室配备急救箱，箱内需备有常用药剂和用品，以备事故发生时采取急救。常备药品、药剂如下：

① 消毒剂：碘酒、75%的卫生酒精棉球等。

② 外伤药：龙胆紫药水、消炎粉和止血粉。

③ 烫伤药：烫伤油膏、凡士林、玉树油、甘油等。

④ 化学灼伤药：5%碳酸氢钠溶液、2%的醋酸、1%的硼酸、5%的硫酸铜溶液、医用双氧水、三氯化铁乙醇溶液及高锰酸钾晶体。

7.3.2 化学药品灼伤的应急处理

化学物质直接接触人体所造成的损伤称为化学灼伤，化学灼伤程度与化学品的性质、接触时间、接触部位等有关。化学药品灼伤时，要根据药品性质及灼伤程度采取相应的措施。

1）化学药品灼伤眼睛的应急处理

若试剂进入眼中，切不可用手揉眼，应先用清洁纱布擦去溅在眼外的试剂，严重者送医院治疗。多数实验室已经配备了洗眼器，当有毒有害物质喷溅到实验人员眼睛时，采用洗眼器能将危害降到最低的限度。但是，洗眼器只适用于紧急状况下，能够暂时减缓有害物质对眼睛的损害，进一步的处置和治疗仍需医生的指导。目前，化学实验室常用的洗眼器按照安装方式分为台式、立式、壁挂式及复合式四种。使用方法为：首先将洗眼器的盖移开，推出手掣，然后用食指及中指将眼睑翻开，将头向前，用清水冲洗眼睛至少 15 min，最后及时到医院或医务室就诊。

不同化学品溅入眼中的应急处理方法如下：

（1）酸液：立即用大量水冲洗眼睛，再用1%碳酸氢钠溶液冲洗。

（2）碱液：立即用大量水冲洗眼睛，再用1%硼酸溶液冲洗。

洗眼时要保持眼皮张开，可由他人帮助翻开眼睑，持续冲洗 15 min。重伤者经初步处理后立即送医院治疗。

（3）木屑、尘粒等异物：可由他人翻开眼睑，用消毒棉签轻轻取出异物，或任其流泪，待异物排出后，再滴入几滴鱼肝油。若玻璃屑进入眼睛内时，要尽量保持平静，绝不可用手揉擦，也不要让别人翻眼睑，尽量不要转动眼球，可任其流泪，立即将伤者送医院处理。

2）化学药品灼伤皮肤的应急处理

在化学实验过程中实验人员被化学药品灼伤皮肤事件也时有发生。如今，大多数实验室已经配备了喷淋器，它可以有效地降低化学药品对皮肤的伤害。喷淋器的使用方法为：首先立即脱下受化学品污染的衣物，然后站在喷淋器的花洒下拉动手环，用清水冲洗受伤部位至少 15 min，最后及时到医院就诊。

被不同化学品灼伤要采取不同的应急处理方法如下：

（1）有机酸：先用大量水冲洗 10~15 min，防止灼伤面积进一步扩大，再用饱和碳酸氢钠溶液或肥皂冲洗灼伤处。严重时要消毒，擦干后涂烫伤药膏。

（2）草酸：先用大量水冲洗 10~15 min，以防灼伤面积进一步扩大，再用镁盐或钙盐进行处理。

（3）无机酸：先用干净的毛巾将无机酸擦净，再用大量水冲洗，然后用饱和碳酸氢钠溶液（或稀氨水、肥皂水）冲洗，再用水冲洗，最后涂上甘油。

浓硫酸的烧伤处理

（4）氢氟酸：先用大量冷水冲洗，再用碳酸氢钠冲洗，然后用甘油氧化镁涂在纱布上进行包扎。

（5）碱：尽快用水冲洗至皮肤不再滑腻为止，再用稀醋酸或柠檬汁等进行中和。

强酸灼伤皮肤的快速处置

（6）生石灰：先用油脂类的物质除去生石灰，再用水进行冲洗。

（7）磷：用 1%硝酸银溶液或 5%硫酸银溶液或高锰酸钾溶液冲洗伤口，然后包扎，切勿用水冲洗。

（8）溴：立即用 2%硫代硫酸钠溶液冲洗至伤口呈白色，或先用酒精冲洗，再涂上甘油或烫伤膏。

强碱灼伤皮肤的快速处置

（9）苯胺、三硝基甲苯：用肥皂水将污物擦洗除去。

（10）钠：可见的小块用镊子移去，其余与碱灼伤处理方法相同。

（11）酚：立即用 30%酒精清洗数遍，再用大量清水冲洗，然后用饱和硫酸钠溶液湿敷 4~6 h。

苯酚灼伤的紧急处理

（12）有机磷：立即用温肥皂水或弱碱液（1%~5%碳酸氢钠溶液）清洗皮肤，要彻底洗净。

（13）沥青、煤焦油：用浸透二甲苯的棉花擦洗，再用羊脂涂敷。

7.3.3　实验室烫伤的应急处理

一旦被火焰、蒸气、温度较高的仪器烫伤之后，对烫伤处立即进行冷却尤为重要。衣服被烧着时，应立即用水浇灭，然后用自来水洗去烧坏的衣服，并慢慢切除或脱去没有烧坏的部分，在此过程中要避免碰伤烧伤面。轻度烫伤或烧伤，可用药棉浸 90%~95%的酒精轻涂伤处，也可用冷水冲洗约半小时以上，以停止冲洗时不感到疼痛为止。一般水温约 20℃左右即可，切忌用冰水，以免冻伤。冷水处理后把创面拭干，再在患处抹上黄色的苦味酸溶液、烫伤膏或万花油，最后用消过毒的消毒药布、医用纱布、干净手帕等轻盖伤口，或用 3%~5%的 $KMnO_4$ 溶液擦伤处至皮肤变为棕色，再涂凡士林或烫伤膏，直接涂烫伤药膏也可。较重的烧伤或烫伤，不要弄破水泡，以防止感染。用消毒纱布轻轻包扎伤处送医院治疗。

教学课件 7.4

7.4 实验室玻璃割伤事故

在化学实验室，主要使用玻璃仪器组装成各种化学反应装置，而玻璃仪器破裂时，很容易割伤或扎伤人的皮肤。玻璃仪器破裂会导致试剂渗入伤口，且不易痊愈，因此在实验室里应特别注意避免割伤。

7.4.1 实验室玻璃割伤的预防措施

为防止割伤，应注意下列事项。

(1) 折断玻璃管时，要用布包住或戴上手套后再操作。

(2) 使用玻璃仪器前，应对仪器进行检查，不要使用有裂痕或破口的玻璃仪器。

(3) 非耐热性玻璃容器(试剂瓶、容量瓶等)不可在电炉上加热，否则容易受热而炸裂。

(4) 溶解放热性化学物质时，须将物质先在烧杯中溶解并冷却后，再转入容量瓶中，如果直接在容量瓶中溶解会导致过热而炸裂。

(5) 用电炉加热烧杯或烧瓶时，下部应垫石棉网，以免受热不均匀而发生炸裂。

7.4.2 实验室玻璃割伤的应急处理

在化学实验室，由玻璃仪器的破碎引起的外伤是较为常见的。发生此类情况时，首先应进行止血，防止大量流血引起休克；然后须检查伤口内有无玻璃碎片，避免进行压迫止血时将碎玻璃片压至伤口深部。若伤口内有碎片，应先用镊子将玻璃碎片取出后再采用有效止血措施，并立即送医院治疗。针对不同程度的创伤采取的止血方法分别如下。

1）小伤口止血法

用清水或生理盐水将伤口冲洗干净，盖上消毒纱布或棉垫，再用绷带加压缠绕即可。

2）静脉出血止血法

除上述包扎止血方法外，还需压迫伤口止血，即用手或其他物品向包扎伤口施加压力，将血管压扁使血流变慢，有助于血凝块形成。压力须持续 5 ~ 15 min 才可奏效。腋下、大腿根部等较深的部位，可将纱布填塞进伤口再加压包扎；将受伤部位抬高也有利于静脉出血的止血。

3）动脉出血止血法

（1）指压法：该法方便及时，但需要位置准确。用手指压迫出血伤口的上方，用力压住血管，阻止血流。若经过指压 20 ~ 30 min 后，出血仍不停止，就应该改用止血带或其他止血方法。

（2）止血带止血法：适用于四肢大出血的急救。这种方法止血最有效，但容易损伤肢体，影响后期康复。首先将伤肢抬高，促使其中静脉血液流回体内，从而减少血液丢失；在出血部分的上方，如上臂或大腿的 1/3 处，先用毛巾或棉垫包扎皮肤；然后将止血带拉长拉紧，缠绕在毛巾或棉垫的外面，不可过紧也不可过松，最多绕两圈，以出血停止为宜。

7.5　实验室放射性事故

教学课件 7.5

7.5.1　放射性事故的预防

（1）宣传放射防护知识，开展法规教育。

（2）建立切实可行的放射防护操作规程和安全管理规章制度，设置放射防护管理机构和专职防护人员，配备必要的放射防护用品和个人剂量计。放射工作人员应接受放射防护知识培训和法规教育，考核合格者方能上岗。

（3）贮存放射性同位素的场所必须采取有效的防火、防盗、防泄漏的安全防护措施，并指定专人管理。闲置不用的放射源，要妥善保存，不得乱丢、乱放，未经放射防护部门允许不准擅自处置。

（4）放射性实验室的废物与普通垃圾要严格分开，妥善处理，防止污染环境。

7.5.2　实验室常见放射事故的应急处理

（1）迅速报告。事故发生后要立即向院级工作小组上报，上报内容包括：事故发生时间、地点、事故性质、污染及影响、危险程度、有无人员伤亡等，再由学校向环保部门、公安机关及时报告情况。

（2）发生设备放射性污染时，应先切断电源，停止照射。组织人员迅速撤离，封锁现场，控制危险源，画出红线，防止事故扩大。

（3）发生放射性物质丢失事故时，先保护好现场，并要密切配合环保部门、公安部门迅速查找、侦查，尽快追回丢失的放射性物质。

（4）放射事故中人员受照时，要通过个人剂量计或其他工具、方法迅速估算受照人员的受照剂量，及时送医。

教学课件 7.6

7.6 实验室气体泄漏事故

7.6.1 气体泄漏事故的预防

（1）高压气瓶要经常检查试漏：用肥皂水或仪器厂家提供的检漏水在所有的接口和减压阀处测试是否漏气，如果肥皂水接连不断地出现肥皂泡，则说明该处漏气，应更换漏气部件或进行补漏。

（2）放置高压气瓶的实验室内应保持室内通风，并安装气体报警器；搬运时要轻拿轻放，防止钢瓶及瓶阀受损。

（3）使用前应进行安全状况检查，确保减压阀、瓶阀、压力表等完好无泄漏，使用时严禁敲打撞击，使用后必须关闭瓶阀。

（4）高压气瓶的瓶体、安全阀、压力表应该定期校验，保证气瓶开关和接头的密封性。

7.6.2 气体泄漏事故的应急处理

1）气体泄漏事故的防护措施

（1）呼吸系统：需佩戴自吸过滤式防毒用具(半面罩)。

（2）眼睛防护：高浓度接触时，需戴安全防护眼镜。

（3）身体防护：穿防静电工作服。

（4）手防护：穿戴一般作业防护手套。

2）气体泄漏事故的应急处理措施

（1）立刻关闭气体钢瓶阀门，疏散实验室无关人员，打开门窗通风，并根据气瓶泄漏部位、泄漏量、泄漏气体性质及其影响和影响范围，确定应采取的应急措施。

（2）如果是毒性气体，现场救援人员应该穿戴好防护设备才能进行抢险；在确保安全的情况下，现场人员快速关闭气体来源阀门，快速关闭、封堵泄漏口；切断电源；防止产生火花；采用强制通风措施如开启门窗通风，快速稀释或吸收泄漏气体降低现场气体浓度。

（3）如果是可燃气体泄漏，首要的是切断气源。若不能立即切断气源，则不要熄灭正在燃烧的气体，应喷水冷却容器，可能的话将容器从火场移至空旷处，再按照火灾与爆炸性事故的处理方法进行处理。

(4) 如果气瓶泄漏不能就地阻止，而又没有除害装置，可根据气体性质，将泄漏的气瓶浸入冷水池或石灰水池中使之吸收。

(5) 抢险结束前，用气体检测仪对危险气体浓度进行检测。

7.7　实验室安全防护设施与用具

教学课件 7.7

化学实验中要经常接触易燃易爆、有毒有害危险化学品，实验人员若操作不当或违规操作很容易引发实验事故。为了增强化学实验室个人防护安全意识，本节着重介绍化学实验室中的安全防护设施与个人防护用具，实验人员应非常清楚地了解安全设施、设备所在位置及使用方法，以避免或降低突发事件的危害程度。实验室安全防护设施主要包括消防设施、防爆设施、通风排风设施、急救设施等，消防设施及防爆设施在之前的章节有过介绍，本节就不再赘述了。

7.7.1　通风与排风设施

在化学实验过程中，经常会产生各种难闻的、有腐蚀性的、有毒的或易爆的气体，这些有害气体如不及时排除室外，就要造成室内空气污染，影响实验人员的健康与安全，影响仪器设备的精度和使用寿命，这时就需要借助通风或排风设备排出这些有害物质。

1）通风橱

通风橱是化学实验室最常见的安全防护装置，如图 7-2 所示，其结构是上下式的，顶部有排气孔，可以安装风机，通风柜的前方是可上下移动的透明玻璃门，实验人员在窗口操作，产生的有毒有害气体或粒状物，会通过顶部的排风口进行净化排出。

使用通风橱的注意事项如下：

(1) 使用时人站或坐于橱前，将玻璃门尽量放低，手通过门下伸进柜内进行实验，不能将头伸进通风橱内，避免中毒。

(2) 通风橱门要轻拉轻抬，并在操作后及时拉下。

(3) 保持通风橱整洁，通风橱的操作区要保持畅通，化学药品和实验仪器不能摆放在通风橱口。

图 7-2　化学实验室通风橱

2）原子吸收罩

原子吸收罩由不锈钢制造而成，如图 7-3(a)所示，耐高温、酸碱、腐蚀；固定在仪器上方 400 mm，可上下自由伸缩，使用方便，易清洗、拆卸；具有气体调节钮，可控制气体的流量；功率较大，排风效果好。

3）万向排气罩

万向排气罩固定在顶部的三节式装置可任意旋转，如图 7-3(b)所示，内置活动阀门可做无级连续调节，确保排气系统发挥最大的效能。万向排气罩一般采用优质高密度 PP 材料，耐腐蚀、耐热，主要用于化学实验室，是进行局部通风时的首选。

（a）　　　　　　　　　　　（b）

图 7-3　原子吸收罩和万向排气罩

7.7.2　实验室人身安全防护及用具

每个在化学实验室工作的人员都应在实验前根据潜在的危险因素制定相应的防护方案，在实验过程中应采取严密有效的个人安全防护，以免酿成安全事故。

1）眼部防护及用具

眼睛是实验室事故中最容易被伤害的部位，因此保护眼部至关重要。为避免眼部受伤或尽可能降低眼部受伤的危险，在化学实验过程中，所有实验者都必须佩戴防护眼镜（如图 7-4 所示），以防飞溅的液体、颗粒、碎屑、有毒气体对眼睛的刺激和伤害。可选用普通平光镜片，镜框应有遮盖，以防止溶液溅入。有突发事故时正确佩戴防护眼镜可大大降低受伤害概率。

图 7-4　实验室防护眼镜

使用防护眼镜的注意事项如下：

（1）涉及溶液试剂使用时实验人员应佩戴防护眼镜。

（2）近视眼镜不可替代防护眼镜，实验中不可佩戴隐形眼镜。

（3）放置时须将眼镜的凸面朝上，避免磨花镜片，留下刮痕的镜片会影响佩戴者的视线，达不到佩戴安全标准，需要及时进行调换。

（4）在清洗防护眼镜时，建议清水冲洗再用纸巾吸干水分后用专用眼镜布擦干；镜片很脏时用低浓度的中性清洗剂，然后再用清水冲洗擦干。

2）面部防护及用具

面部防护主要是指对于脸部、喉部及呼吸系统的保护。在实验过程中会存在或产生有毒有害的蒸气或气体，从而对实验者的呼吸系统造成伤害，这样就需要佩戴个人呼吸防护用品，如图 7-5 所示。这些用品的使用要按现场环境和有毒气体的危害程度来选择。

（a）一次性医用口罩

（b）一次性活性炭口罩

（c）防毒口罩

图 7-5 实验室防护口罩

（1）防尘口罩。

对于实验室中的污染物仅为不挥发性的颗粒状物质，不含有毒、有害气体和蒸气时，可以选择防尘口罩，其样式很多，包括平面式、半立体式、立体式。实验中我们常用到的一次性医用口罩[图 7-5(a)]、一次性活性炭口罩[图 7-5(b)]都属于防尘口罩。

防尘口罩主要是以纱布、无纺布、超细纤维材料为核心过滤材料的过滤式呼吸防护用品，外层是蓝色无纺布，有阻隔体液的作用；中层过滤布有吸附微粒的作用；内层无纺布有吸潮的作用。一次性活性炭口罩在此基础上多加了一层活性炭纸层，更好地提升过滤粉尘和细菌能力。不含超细纤维（材料）的普通防尘口罩只有防护较大颗粒灰尘的作用，含超细纤维材料的防尘口罩除了可以防护较大颗粒灰尘外，还可以防护颗粒更小的有毒、有害气溶胶等。

（2）防毒口罩。

当实验室中含有较低浓度的有害蒸气、气体及有害气溶胶等（像实验中常用到的类似甲醇、石油醚、丙酮等具有挥发性且有毒的有机溶剂）时，则选用防毒口罩，如图 7-5(c)所示。防毒口罩是以超细纤维材料、活性炭纤维等吸附材料为核心过滤材料的过滤式呼吸防护用品。其中超细纤维材料用于滤除空气中的颗粒状物质，包括有毒有害气溶胶等，活性炭纤维用于滤除有害蒸气、气体。

（3）防毒面具。

当实验室中含有较高浓度的有害蒸气、气体及有害气溶胶等（如实验中用到的三氯甲烷等易挥发且剧毒的溶剂）时，应佩戴防毒面具。防毒面具从造型上可以分为全面具和半面具，根据防护原理可分为过滤式防毒面具和隔绝式防毒面具，实验室常用的是过滤式防毒面具。

过滤式防毒面具也是以超细纤维材料、活性炭、活性炭纤维等为核心过滤材料的过滤式呼吸防护用品。从防护效果考虑，防毒面具与防毒口罩相比具有相近的防护功能，但滤除有害气体和蒸气浓度的范围更广，防护时间更长，更安全可靠。从保护部位考虑，防毒面具除了可以保护呼吸系统外，同时还可以保护眼睛、面部的皮肤免除有毒有害物质的直接伤害。

过滤式防毒面具主要由面罩、滤毒盒（罐）、导气管构成，面罩可直接与滤毒盒（罐）连接使用，称为直连式，如图 7-6（a）所示。用导气管将面罩、滤毒盒（罐）连接使用，称为导管式，如图 7-6（b）所示。滤毒盒（罐）是主要部件，有毒物质通过滤毒盒经化学作用、吸附作用和机械过滤作用而被除去。

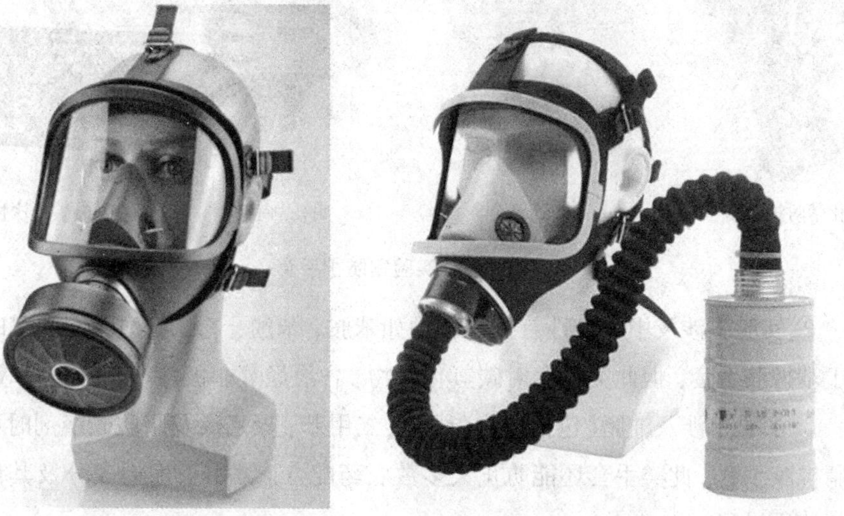

（a）　　　　　　（b）

图 7-6　直连式防毒面具及导管式防毒面具

防毒面具的使用注意事项如下：

（1）过滤式防毒面具只能在空气中有毒气体体积浓度小于 2%，氧气浓度大于 18%的情况下使用。

（2）根据毒气类型、颗粒尺寸正确选择防毒面具型号。不同型号滤毒盒只能防其对应的有毒气体，要防止错用。

（3）使用前应认真检查确认面罩外观完好无破损；滤毒盒未超期，无受潮，无锈蚀；检查全套面具的气密性。

（4）使用完毕后要及时清洁保养，填写使用记录，及时更换滤毒盒、滤棉。

3）手部防护及用具

实验中常会接触各种化学品，如强酸、强碱溶液，毒性较强的化学物质，同时还会接触到高温物体，在实验操作中应根据需要选择佩戴合适的防护手套。实验室常用的防护手套有以下几种，如图 7-7 所示。

（1）化学防护手套，如图 7-7（a）所示。

化学防护手套的作用是防止化学浸透，对很大范围的化学品都可以提供防护，接触腐蚀性物质和毒性物质时使用较多。它可由多种合成材料制成，如天然橡胶、PVC、丁腈、丁基合成橡胶、氯丁橡胶等。

① 实验室中涉及酸、碱、无机盐溶剂时，可选用天然橡胶手套和氯丁橡胶手套等;氯丁橡胶手套对于石油化工产品、润滑剂还具有很好的防护作用。

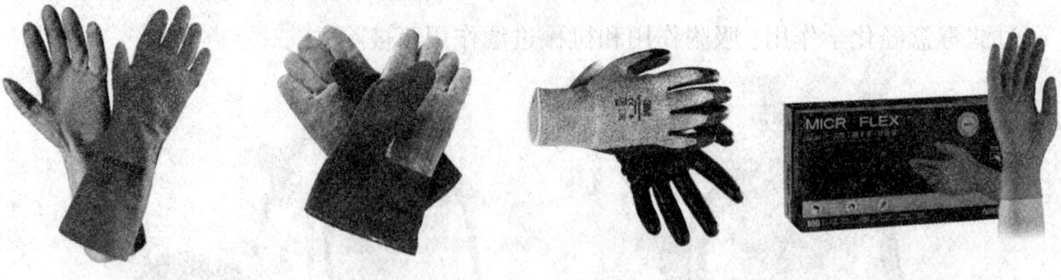

（a）化学防护手套　（b）防热手套　（c）耐切割手套　（d）一次性手套

图 7-7　实验室防护手套

② 实验中涉及中级极性有机化合物如苯胺、苯酚、乙二醇醚、酮和醛时可选用丁基橡胶手套，但此类手套对碳氢化合物、含氯烃等非极性溶剂防护性较差。

③ 实验中涉及油脂(包括动物脂肪)、二甲苯、聚乙烯及脂肪族溶剂时可选用丁腈橡胶手套，此类手套还能防止大多数农药配方，常用于生物成分及其他化学品的使用过程。

④ 实验中涉及多种有机化学品如脂肪族、芳香烃和大多数酮、酯类、醚类等试剂时可使用聚乙烯醇手套。

⑤ 实验中涉及其他的化学危险品时，一般均可以选择聚氯乙烯手套，其防化学腐蚀能力强、成本低、物理性能也较好。

(2) 防热手套，如图 7-7(b)所示。

防热手套用于高温下以防手部烫伤。例如，从烘箱、马弗炉中取出灼热的药品时，或从加热套上取下热溶剂时，最好佩戴隔热良好的防热手套。其材质一般有厚皮革、绒布等。

(3) 低温防护手套。

低温防护手套用于低温环境下以防手部冻伤，如接触液氮、干冰等制冷剂或冷冻药品时需佩戴。

(4) 耐切割手套，如图 7-7(c)所示。

耐切割手套主要用于接触、使用边缘尖锐物体时，或组装、拆卸玻璃仪器装置时防止手部被割伤。其材质一般使用钢织物或坚韧的合成纱。

(5) 一次性手套，如图 7-7(d)所示。

有些化学实验操作对手部伤害风险较低，但出于保护被处理的物质或实验对手指触感要求高时，可佩戴一次性乳胶手套、丁腈橡胶手套、聚氯乙烯手套等，既能保证手部灵活性和敏感性，也能耐一定的化学腐蚀。

各类手套的使用注意事项如下：

(1)使用前，尤其是一次性手套，要检查手套有无小孔或破损、磨蚀的地方，尤其是指缝，并确保在使用过程中完好无损；佩戴橡胶手套时要注意检查是否老化。

(2)使用中若需要接触日常用品(如笔、手机、门把手等)或公共物品时，脱下防护手套，以防有毒有害物质污染扩散。

(3)不要将污染的手套任意丢弃，应统一集中处理，不能与其他垃圾混放。

(4)摘取手套一定要注意正确的方法，防止将手套上沾染的有害物质接触到皮肤和衣服上，造成二次污染。

(5)非丢弃型防化手套应定期用肥皂水清洗，清洗手套内部后应翻开晾干。

实验结束后，实验者应用中性的清洁剂反复清洗双手。

4) 脚部防护及用具

实验室不得穿凉鞋、拖鞋，严禁穿高跟鞋进入实验室，应穿平底、防滑、合成皮或皮质的满口鞋。

5) 身体防护及用具

所有实验人员进入实验室必须穿实验服，其目的是防止身体的皮肤和衣物受到化学品污染。在进行实验时，实验服能罩住身体和胳膊，防止有害物质沾染到皮肤上。

做好身体防护需要注意以下几点：

(1) 所有人员进入实验室都必须穿实验服，特殊场合需要穿戴专门的防护实验服及鞋子。

(2) 实验服一般不耐化学品腐蚀，当其受到严重腐蚀后必须换下更新。

(3) 为了防止实验服上附着的化学品扩散，实验服不得穿到其他公共场所，如寝室、食堂、会议室等。

(4) 实验人员的长发必须在脑后扎起，松散的长发会不小心触及火面或被卷入到实验仪器内，给实验者造成伤害。实验人员不允许佩戴长项链或手镯，以免这些饰品和实验设备缠绞在一起发生事故。

6) 紧急洗眼器和紧急喷淋器

紧急洗眼器和紧急喷淋器是化学实验室专用的防护器具，如图 7-8 所示。通常在实验台的水池边都安装有洗眼器，方便快速冲洗。紧急喷淋器是配备喷淋系统的洗眼器，属于复合式洗眼器。

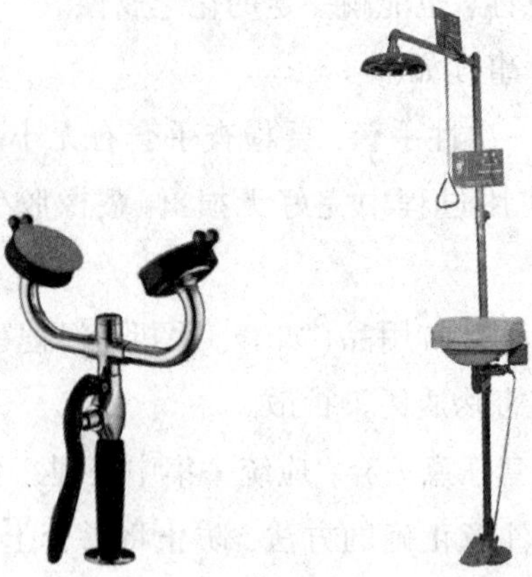

图 7-8　紧急洗眼器和紧急喷淋器

当眼睛受到危险化学品伤害时，可先用紧急洗眼器对眼睛进行紧急冲洗，严重时尽快去医院治疗；当大量化学品溅洒到身上时，可用紧急喷淋器进行全身喷淋(与水发生反应的物质除外)。附近若没有紧急喷淋器，则设法用大量清水冲洗，必要时尽快到医院治疗。

为了保证紧急洗眼器和紧急喷淋器的安全有效及正确使用，应做到如下几点：

(1) 使用方法。

① 紧急洗眼器可用于眼部、面部紧急冲洗。取下洗眼器，握住手柄对准眼部，按下手柄出水，松开手柄关水，按下手柄并上推按钮可持续出水，下推按钮并松开手柄则可关水。

② 紧急喷淋器用于全身冲洗。受伤者站在喷头下方，向下拉冲喷淋拉手，即可冲洗。

(2) 注意事项。

① 为防止水管内水质腐化或阀门失灵，要定期检查，发现故障及时修理；水压要充足，能保持需要时有水喷出。

② 保持紧急洗眼器的清洁。经常进行擦拭，为避免紧急洗眼器的喷嘴被污染，要将防尘盖盖在喷头上面。

③ 紧急洗眼器和紧急喷淋器不能代替医学治疗，冲洗后情况较严重的必须尽快到医院进行治疗。

④ 紧急洗眼器和紧急喷淋器属于专用的防护器具，不得用于冲洗仪器或其他用途；设置在宽敞处，方便快速到达。

⑤ 不可用仪器或其他物品将洗眼器遮挡，以免影响紧急使用洗眼器。

7）急救药箱

急救药箱已经成为化学实验室的标准配置，对在实验室意外发生的灼伤、烫伤及机械伤能及时处理。急救药箱内常备药品与医疗器具有：烫伤膏、碘酒、饱和碳酸氢钠溶液、饱和硼酸溶液、催吐剂、消毒酒精、创可贴、医用胶带、医用纱布、医用绷带、镊子、剪子等。

急救药箱应存放在实验室容易看到、方便取用的干净之处，使用时要注意以下事项。

（1）出现突发受伤等紧急情况时，可根据药箱存放地点就近取用。

（2）使用前应了解药物的用途、使用方法、使用禁忌等，严禁不明药理的滥用、误用。

（3）经常检查，保证药品有效、充足。

（4）急救药箱主要用于学校实验室安全突发事件的临时、初期、简单急救，不能作为专业急救药箱使用。如伤势严重，需尽早就医。

思考题

（1）实验剩余的易燃易爆试剂应如何处理？

（2）吞食酸、碱类腐蚀性药品或烃类液体时为什么不能催吐？

（3）实验室防止中毒的措施有哪些？

（4）实验室常见的化学烫伤药、灼伤药有哪些？

（5）化学药品灼伤眼睛应如何处理？

（6）高压气瓶如何试漏？

（7）实验室有毒气体泄漏应该如何处置？

（8）过滤式防毒面具为什么只能在空气中有毒气体浓度小于 2%、氧气浓度大于 18%的情况下使用？

（9）实验室通用防护装备有哪些？

（10）实验室配置的急救药箱应包含哪些医用品？

第 8 章

化学常规实验项目安全注意事项

8.1 物理化学实验项目安全注意事项

教学课件 8.1

8.1.1 溶解度法绘制苯酚-水部分互溶双液系相图

1）仪器与试剂

温度计、滴定管、大试管、烧杯、磁子、带孔胶塞、磁力加热搅拌器、天平、苯酚、去离子水。

实验装置安全-物理化学实验室

2）实验危险因素介绍

（1）火灾风险。

本实验中所用试剂苯酚为可燃物，若保存或使用不当可能会引起火灾；电器具使用不当会导致发热、短路打火或引起火灾。

（2）触电风险。

电器具故障、操作不当等。

（3）毒害风险。

本实验中所用试剂苯酚为高毒固体，误服会引起消化道灼伤，出现烧灼痛症状。

（4）化学品灼伤皮肤。

本实验中所用试剂苯酚对皮肤有强烈的腐蚀作用，操作不当会造成眼睛或皮肤损伤、灼伤。

苯酚的取用与灼伤的紧急处理

（5）烫伤风险。

本实验中所用设备有磁力加热搅拌器，实验过程中可能会因不小心碰触加热设备而造成烫伤。

（6）玻璃割伤。

本实验中使用了烧杯、大试管、温度计、玻璃搅拌棒等玻璃仪器，破裂时易割伤皮肤，当药品渗入伤口时，容易引发感染且不易愈合。

（7）环境污染。

若随意倾倒废液致使有毒废液未经处理而流出，会导致环境污染。

8.1.2　分光光度法推测丙酮碘化反应的速率常数

分光光度法推测丙酮碘化反应的速率常数

1）仪器与试剂

容量瓶、移液管、碘量瓶、烧杯、玻璃棒、722 型分光光度计、可调式封闭电炉、天平、丙酮、盐酸、碘化钾、碘酸钾。

2）实验危险因素介绍

（1）火灾爆炸风险。

本实验中所用试剂丙酮为易燃易爆物，若保存或使用不当可能会引起火灾爆炸；碘酸钾为氧化剂，与易燃物质混合形成可能燃烧或爆炸的混合物，经撞击即爆炸；电器具使用不当会导致发热、短路打火或引起火灾。

（2）触电风险。

电器具故障、操作不当等。

（3）毒害风险。

本实验中所用试剂丙酮有毒，误服后口唇、咽喉先有烧灼感，后出现口干、呕吐、昏迷、酸中毒和酮症等症状。

（4）化学品灼伤皮肤。

本实验中所用盐酸对皮肤有腐蚀作用，操作不当会造成眼睛或皮肤损伤、灼伤。

（5）烫伤风险。

使用电炉加热溶解碘酸钾时，会因不小心碰触加热的电炉而造成烫伤。

（6）玻璃割伤。

本实验中使用了容量瓶、移液管、碘量瓶、烧杯、玻璃棒等玻璃仪器，破裂时易割伤皮肤，当药品渗入伤口时，容易引发感染且不易愈合。

（7）环境污染。

生成物碘化丙酮对眼睛有刺激作用，若随意倾倒废液致使废液未经处理而流出，会导致人身伤害及环境污染。

8.1.3 环己烷-乙醇完全互溶双液系气-液平衡相图绘制

环己烷-乙醇完全互溶双液系气-液平衡相图绘制

1）仪器与试剂

球形冷凝管、三口烧瓶、移液管、洗耳球、滴管、擦镜纸、沸点测定仪、阿贝折射仪、数字式温度计、调压变压器、无水乙醇、环己烷。

2）实验危险因素介绍

(1) 火灾风险。

本实验中所用试剂无水乙醇、环己烷均极度易燃，若保存或使用不当可能会引起火灾；电器具使用不当会导致发热、短路打火或引起火灾。

(2) 触电风险。

电器具故障、操作不当等。

(3) 爆炸风险。

实验中需要加热烧瓶内的有机溶剂，若无人值守可能造成烧瓶加热爆裂或器皿中的化学试剂蒸干发生爆炸。

(4) 玻璃割伤。

本实验中使用了球形冷凝管、三口烧瓶、移液管、滴管等玻璃仪器，破裂时易割伤皮肤，当药品渗入伤口时容易引发感染且不易愈合。

(5) 环境污染。

若随意倾倒废液造成废液未经处理而流出，会导致环境污染。

8.1.4 量气法测定过氧化氢分解反应的速率常数

量气法测定过氧化氢分解反应的速率常数

1）仪器与试剂

叉形反应器、量气装置(铁架、三通活塞、水准瓶、量气管、胶管)、烧杯、移液管、吸量管、秒表、容量瓶、烧水壶、过氧化氢、碘化钾。

2）实验危险因素介绍

(1) 火灾风险。

电器具使用不当会导致发热、短路打火或引起火灾。

(2) 触电风险。

电器具故障、操作不当等。

(3) 爆炸风险。

本实验中所用试剂过氧化氢为爆炸性强氧化剂，过氧化氢自身不燃，但能与可燃物反应放出大量热量和氧气而引起着火爆炸。

（4）玻璃割伤。

本实验中使用了叉形反应器、烧杯、移液管、吸量管、容量瓶等玻璃仪器，破裂时易割伤皮肤，当药品渗入伤口时，容易引发感染且不易愈合。

（5）环境污染。

若随意倾倒废液致使废液未经处理而流出，会导致环境污染。

8.2　有机高分子化学实验项目安全注意事项

教学课件 8.2

8.2.1　环己烯的制备

化学品介绍与学习篇–有机化学实验室

1）仪器与试剂

圆底烧瓶、直形冷凝管、蒸馏头、尾接管、锥形瓶、分液漏斗、玻璃漏斗、接引管、分馏柱、烧杯、量筒、滴管、玻璃棒、温度计、加热套、调压器、天平、无水氯化钙、饱和氯化钠、环己醇、磷酸、5%碳酸氢钠。

2）实验危险因素介绍

实验装置安全–有机化学实验室

（1）火灾爆炸风险。

本实验中所用试剂环己醇为可燃物，若保存或使用不当可能会引起火灾；生成物环己烯极易燃，遇明火、高热极易燃烧、爆炸；电器具如加热套、变压器使用不当会导致发热、短路打火或引起火灾。

环己烯的制备

（2）触电风险。

电器具故障、操作不当等。

（3）玻璃割伤。

本实验中使用了圆底烧瓶、直形冷凝管、蒸馏头、尾接管、锥形瓶等多种玻璃仪器，破裂时易割伤皮肤。

（4）危险品泄漏。

本合成实验是通过加热套用空气浴的方法加热，火力过大时，会导致生成环己烯的速率过快，从而来不及液化就散到容器外部，出现严重的泄漏。

（5）毒害风险。

本实验中所用试剂环己醇低毒、有刺激性，吸入或吞食有害；生成物环已烯，皮肤接触或吞食有害。

（6）环境污染。

若随意倾倒废液致使废液未经处理而流出，会导致环境污染。

正丁醚的制备

8.2.2 正丁醚的制备

1）仪器与试剂

三口烧瓶、球形冷凝管、分水器、变径、分液漏斗、玻璃漏斗、圆底烧瓶、直形冷凝管、锥形瓶、尾接管、烧杯、量筒、滴管、玻璃棒、温度计、加热套、调压器、天平、正丁醇、50%浓硫酸、无水氯化钙、沸石。

2）实验危险因素介绍

（1）火灾爆炸风险。

本实验中所用试剂正丁醇及生成物正丁醚均为易燃物，其蒸气与空气可形成爆炸性混合物，遇明火、高热能引起燃烧、爆炸；实验过程中需要蒸馏粗产物，若实验时脱岗易造成实验器皿加热爆裂或器皿中的化学试剂蒸干发生爆炸；电器具如加热套、变压器使用不当会导致发热、短路打火或易引起火灾。

（2）触电风险。

电器具故障、操作不当等。

（3）玻璃割伤。

本实验中使用了三口烧瓶、球形冷凝管、分水器、变径、分液漏斗、玻璃漏斗等多种玻璃仪器，破裂时易割伤皮肤。

（4）化学品灼伤皮肤。

本实验中所用50%浓硫酸具有较强腐蚀性，操作不当会造成眼睛或皮肤损伤、灼伤。

（5）毒害风险。

本实验中所用试剂正丁醇低毒，吞食有害，刺激呼吸系统和皮肤，对眼睛有严重伤害；生成物正丁醚吸入或食入可致咳嗽、呼吸困难、头痛、头晕、恶心、疲乏和四肢无力，眼和皮肤接触可致灼伤。

（6）环境污染。

若随意倾倒废液致使废液未经处理而流出，会导致环境污染。

从茶叶中提取咖啡因

8.2.3 从茶叶中提取咖啡因

1）仪器与试剂

圆底烧瓶、索式提取器、直形冷凝管、球形冷凝管、蒸馏头、尾接管、温度计、蒸发皿、锥形瓶、量筒、加热套、调压器、电炉、天平、95%乙醇、氧化钙、茶叶。

2）实验危险因素介绍

(1) 火灾风险。

本实验中所用试剂乙醇极易燃，若保存或使用不当可能会引起火灾；电器具如加热套、变压器、电炉使用不当会导致发热、短路打火或引起火灾。

(2) 触电风险。

电器具故障、操作不当等。

(3) 玻璃割伤。

本实验中使用了圆底烧瓶、索式提取器、直形冷凝管、球形冷凝管、蒸馏头等多种玻璃仪器，尤其是索式提取器的虹吸管极易折断，破裂时易割伤皮肤。

(4) 毒害风险。

实验中通过沙浴进行升华时，温度计需要插在沙浴中随时观察温度，操作不当极易碰碎温度计，而沙浴中较高的温度会使金属汞变成汞蒸气，导致急性汞中毒。

(5) 烫伤风险。

实验中使用电炉沙浴加热进行升华过程，温度在220~240℃至少持续20 min，操作过程中可能会因不小心碰触加热电炉而致烫伤。

(6) 环境污染。

若随意倾倒废液致使废液未经处理而流出，会导致环境污染。

8.2.4 苯乙酮的制备

苯乙酮的制备

1）仪器与试剂

三口烧瓶、分液漏斗、恒压滴液漏斗、干燥管、球形冷凝管、玻璃漏斗、烧杯、量筒、滴管、玻璃棒、锥形瓶、研钵、脱脂棉、电炉、无水氯化铝、苯、乙酸酐、浓盐酸、无水硫酸镁、无水氯化钙、5%氢氧化钠。

2）实验危险因素介绍

(1) 火灾风险。

本实验中所用试剂苯为易燃物，乙酸酐极易燃，若保存或使用不当可能会引起火灾；电器具如电炉使用不当会导致发热、短路打火或引起火灾。

(2) 触电风险。

电器具故障、操作不当等。

(3) 玻璃割伤。

本实验中使用了三口烧瓶、分液漏斗、恒压滴液漏斗、干燥管、球形冷凝管、玻璃漏斗、烧杯等多种玻璃仪器，破裂时易割伤皮肤。

(4) 化学品灼伤皮肤。

本实验中所用乙酸酐、浓盐酸均具有较强腐蚀性，操作不当会造成眼睛或皮肤损伤、灼伤。

(5) 毒害风险。

本实验中所用试剂苯的挥发性大，暴露于空气中很容易扩散，人和动物吸入或皮肤接触大量苯进入体内，会引起急性和慢性苯中毒；乙酸酐低毒性，吸入后对黏膜有刺激作用，引起咳嗽、胸痛、呼吸困难等症状。

(6) 环境污染。

若随意倾倒废液致使废液未经处理而流出，会导致环境污染。

教学课件 8.3

8.3 无机化学实验项目安全注意事项

化学品介绍与学习篇–无机化学实验室

8.3.1 副族元素的性质

1) 仪器与试剂

试管、玻璃棒、试管夹、胶头滴管、点滴板、洗瓶、烧杯、离心试管、电炉、离心机、硝酸铁溶液、硫酸锰溶液、3%过氧化氢、高锰酸钾溶液、浓硫酸、硫酸亚铁铵溶液、锌粉、硫氰化钾溶液、氟化铵溶液、亚铁氰化钾溶液、铁氰化钾溶液、硫酸镍溶液、氨水、镍试剂、硫酸铜溶液、硝酸银溶液、硝酸锌溶液、硝酸镉溶液、碘化钾溶液、硫化钠溶液、0.2%淀粉液、重铬酸钾溶液、氯化钡溶液、硝酸铅溶液、氯化钴溶液、氯化锌溶液、三氯化铬溶液。

实验装置安全–无机化学实验室

2) 实验危险因素介绍

(1) 火灾风险。

本实验中所用试剂锌粉遇湿易燃；电器具使用不当会导致发热、短路打火或引起火灾。

(2) 触电风险。

电器具故障、操作不当等。

(3) 毒害风险。

本实验中所用试剂硫酸镁，吸入、摄入或经皮吸收有害，具有刺激作用；硫酸亚铁铵对呼吸道有刺激性，吸入会引起咳嗽和气短；硫氰化钾误服可致急性中毒，引起恶心、呕吐、腹痛、腹泻等胃肠道功能紊乱，血压波动，心率变慢；氟化铵有毒，具强刺激性，接触该品可致眼、呼吸道和皮肤被灼伤；硝酸镉吸入可引起呼吸道刺激症状，可发生化学性肺炎、肺水肿，误食后可引起急剧的胃肠道刺激等症状。

(4) 玻璃割伤。

本实验中使用了试管、玻璃棒、胶头滴管、烧杯、离心试管等玻璃仪器，破裂时易割伤皮肤；当药品渗入伤口时，容易引发感染且不易愈合。

(5) 化学品灼伤皮肤。

本实验中所用浓硫酸具有较强腐蚀性，操作不当会造成眼睛或皮肤损伤、灼伤。

(6) 烫伤风险。

实验过程中可能会不小心碰触加热的电炉而被烫伤。

(7) 环境污染。

若随意倾倒废液致使废液未经处理而流出，会导致环境污染。

8.3.2　废铜粉制备硫酸铜

1) 仪器与试剂

烧杯、量筒、滴管、玻璃棒、点滴板、洗瓶、蒸发皿、镊子、塑料离心管、pH 试纸、滤纸、布氏漏斗、抽滤瓶、电子天平、低速离心机、加热台、循环水真空泵、废铜粉、盐酸、硝酸银溶液、硫酸、硝酸、3%过氧化氢、氨水。

2) 实验危险因素介绍

(1) 火灾风险。

电器具如加热台使用不当会导致发热、短路打火或引起火灾。

(2) 触电风险。

电器具故障、操作不当等。

(3) 玻璃割伤。

本实验中使用了烧杯、量筒、滴管、玻璃棒等玻璃仪器，破裂时易割伤皮肤，当药品渗入伤口时，容易引发感染且不易愈合。

(4) 化学品灼伤皮肤。

实验中所用硝酸、盐酸、硫酸、氨水均具有一定腐蚀性，操作不当会造成眼睛或皮肤损伤、灼伤。

(5) 烫伤风险。

实验过程中可能会因不小心碰触加热的加热台而造成烫伤。

(6) 毒害风险。

实验中所用氨水吸入后对鼻、喉和肺有刺激性，引起咳嗽、气短和哮喘等症状。

(7) 环境污染。

若随意倾倒废液致使废液未经处理而流出，会导致环境污染。

8.3.3 废水处理及化学需氧量的测定

1) 仪器与试剂

烧杯、滴定管、锥形瓶、量筒、量杯、棕色容量瓶、玻璃棒、滴管、洗瓶、磁子、洗耳球、电热恒温水浴锅、封闭式电炉、电子台秤、磁力搅拌器、甲基橙浓储液、硫酸、高锰酸钾溶液、草酸钠溶液。

2) 实验危险因素介绍

(1) 火灾风险。

电器具如电炉使用不当会导致发热、短路打火或引起火灾。

(2) 触电风险。

电器具故障、操作不当等。

(3) 玻璃割伤。

本实验中使用了烧杯、滴定管、锥形瓶、量筒、量杯、棕色容量瓶、玻璃棒、滴管等玻璃仪器，破裂时易割伤皮肤，当药品渗入伤口时，容易引发感染且不易愈合。

(4) 化学品灼伤皮肤。

实验中所用硫酸具有一定腐蚀性，操作不当会造成眼睛或皮肤损伤、灼伤。

(5) 烫伤风险。

实验过程中可能因不小心碰触加热的电炉而被烫伤；草酸钠和高锰酸钾反应的滴定操作必须趁热进行，操作不当可能引起烫伤。

(6) 环境污染。

若随意倾倒废液致使废液未经处理而流出，会导致环境污染。

8.3.4 动植物体中微量元素的检测

1) 仪器与试剂

烧杯、容量瓶、量筒、吸量管、具塞比色管、试管、滴管、玻璃棒、洗耳球、点滴板、洗瓶、酒精灯、镊子、坩埚、石棉网、电子天平、高温电阻炉、气流烘干器、氢氧化钠溶液、硫氰化钾溶液、亚铁氰化钾溶液、硫酸、饱和钼酸铵溶液、固体硫酸亚铁、浓硝酸、饱和草酸铵溶液。

2）实验危险因素介绍

（1）火灾风险。

实验中使用酒精灯，操作不当可能引发火灾；电器具使用不当会导致发热、短路打火或引起火灾。

（2）触电风险。

电器具故障、操作不当等。

（3）玻璃割伤。

本实验中使用了烧杯、容量瓶、量筒、吸量管、具塞比色管、试管、滴管、玻璃棒等玻璃仪器，破裂时易割伤皮肤；当药品渗入伤口时，容易引发感染且不易愈合。

（4）化学品灼伤皮肤。

实验中所用浓硝酸、硫酸均具有强烈腐蚀性，操作不当会造成眼睛或皮肤损伤、灼伤。

（5）烫伤风险。

实验过程中可能会因不小心碰触高温电阻炉而被烫伤。

（6）毒害风险。

实验中所用硫酸亚铁对呼吸道有刺激性，吸入会引起咳嗽和气短；硫氰化钾误服致急性中毒时，引起恶心、呕吐、腹痛、腹泻等胃肠道功能紊乱症状，以及血压波动、心率变慢等症状。

（7）环境污染。

若随意倾倒废液致使废液未经处理而流出，会导致环境污染。

8.4　分析化学实验项目安全注意事项

教学课件 8.4

化学品介绍与学习篇–分析化学实验室

实验装置安全–分析化学实验室

8.4.1　焊锡中锡含量的测定

1）仪器与试剂

通用型滴定管、移液管、容量瓶、锥形瓶、烧杯、量筒、电炉、EDTA 标准溶液、Zn^{2+}标准溶液、六次甲基四胺溶液、二甲酚橙、甲基红指示剂、王水、盐酸、氟化钠、焊锡样品。

2. 实验危险因素介绍

（1）火灾风险。

电器具如电炉使用不当会导致发热、短路打火或引起火灾。

（2）触电风险。

电器具故障、操作不当等。

（3）玻璃割伤。

本实验中使用了通用型滴定管、移液管、容量瓶、锥形瓶、烧杯、量筒等玻璃仪器，破裂时易割伤皮肤；当药品渗入伤口时，容易引发感染且不易愈合。

（4）化学品灼伤皮肤。

实验中所用王水、盐酸具有强烈腐蚀性，操作不当会造成眼睛或皮肤被损伤、灼伤。

（5）烫伤风险。

实验过程中可能会因不小心碰触加热的电炉而造成烫伤。

（6）毒害风险。

实验中所用氟化钠，吸入或食入会导致急性中毒，服后立即出现剧烈恶心、呕吐、腹痛、腹泻等症状。

（7）环境污染。

若随意倾倒废液致使废液未经处理而流出，会造成人身伤害及环境污染；尤其是氟化钠对环境有巨大危害，水体中加入时应特别注意。

8.4.2 复方氢氧化铝药片中镁和铝含量的测定

1）仪器与试剂

通用型滴定管、移液管、容量瓶、锥形瓶、烧杯、量筒、漏斗、研钵、分析天平、加热台、EDTA 标准溶液、Zn^{2+} 标准溶液、二甲酚橙指示剂、铬黑 T 指示剂、六次甲基四胺溶液、三乙醇胺溶液、氨性缓冲溶液、氨水溶液、盐酸、氯化铵、复方氢氧化铝药片。

2. 实验危险因素介绍

（1）火灾风险。

电器具如加热台使用不当，会导致发热、短路打火或引起火灾。

（2）触电风险。

电器具故障、操作不当等。

（3）玻璃割伤。

本实验中使用了通用型滴定管、移液管、容量瓶、锥形瓶、烧杯、量筒、漏斗等玻璃仪器，破裂时易割伤皮肤，当药品渗入伤口时，容易引发感染且不易愈合。

（4）化学品灼伤皮肤。

实验中所用氨水、盐酸具有一定的腐蚀性，操作不当会造成眼睛或皮肤损伤、灼伤。

(5) 烫伤风险。

实验过程中可能会因不小心碰触工作中的加热台而被烫伤。

(6) 毒害风险。

实验中所用三乙醇胺具有低毒性，吸入性中毒的可能性小，但如沾染和接触该品，手和前臂的背面可见皮炎和湿疹。

(7) 环境污染。

若随意倾倒废液致使废液未经处理而流出，会导致环境污染。

8.4.3　间接碘量法测定铜合金中铜含量

间接碘量法测定铜合金中铜含量

1) 仪器与试剂

通用型滴定管、锥形瓶、容量瓶、烧杯、移液管、分析天平、电子秤、封闭电炉、亚硫酸钠溶液、铜标准溶液、淀粉溶液、碘化钾溶液、盐酸、铜合金、30%过氧化氢、氨水、醋酸溶液、氟化氢铵缓冲溶液、硫氰化钾溶液。

2) 实验危险因素介绍

(1) 火灾爆炸风险。

实验中所用试剂 30%过氧化氢为爆炸性强氧化剂，自身不燃，但能与可燃物反应放出大量热量和氧气而引起着火爆炸；电器具如封闭电炉使用不当会导致发热、短路打火或引起火灾。

(2) 触电风险。

电器具故障、操作不当等。

(3) 玻璃割伤。

本实验中使用了通用型滴定管、锥形瓶、容量瓶、烧杯、移液管等玻璃仪器，破裂时易割伤皮肤；当药品渗入伤口时，容易引发感染且不易愈合。

(4) 化学品灼伤皮肤。

实验中所用盐酸、氨水具有一定的腐蚀性，操作不当会造成眼睛或皮肤损伤、灼伤。

(5) 烫伤风险。

实验过程中可能会因不小心碰触加热的电炉而被烫伤。

(6) 毒害风险。

实验中所用试剂氟化氢铵是一种具有腐蚀性的化学物质；亚硫酸钠对眼睛、皮肤、黏膜有刺激作用。

(7) 环境污染。

若随意倾倒废液致使废液未经处理而流出，会导致环境污染。

8.4.4 工业循环水总硬度及其中溶解氧的测定

1) 仪器与试剂

滴定管、锥形瓶、容量瓶、烧杯、玻璃棒、滴管、量筒、烧杯、量杯、采样瓶、移液管、碘量瓶、棕色玻塞试剂瓶、分析天平、电子秤、电炉、EDTA 标准溶液、亚硫酸钠标准溶液、碳酸钙基准物、铬黑 T、重铬酸钾、氨性缓冲溶液、盐酸、氨水、三乙醇胺、氢氧化钠、硫化钠溶液、甲基红、淀粉溶液、碳酸钠固体、硫酸锰溶液、碘化钾溶液、浓硫酸。

工业循环水总硬度及其中溶解氧的测定

2. 实验危险因素介绍

(1) 火灾风险。

实验中所用试剂重铬酸钾为强氧化剂，遇强酸或高温时能释放出氧气，从而促使有机物燃烧发生火灾；电器具如封闭电炉使用不当，会导致发热、短路打火或引起火灾。

(2) 触电风险。

电器具故障、操作不当等。

(3) 玻璃割伤。

本实验中使用了滴定管、锥形瓶、容量瓶、烧杯、玻璃棒、滴管、量筒、烧杯等玻璃仪器，破裂时易割伤皮肤；当药品渗入伤口时，容易引发感染且不易愈合。

(4) 化学品灼伤皮肤。

实验中所用盐酸、氨水、浓硫酸具有腐蚀性，操作不当会造成眼睛或皮肤损伤、灼伤。

(5) 烫伤风险。

实验过程中可能会因不小心碰触加热的电炉而被烫伤。

(6) 毒害风险。

实验中所用试剂亚硫酸钠，对眼睛、皮肤、黏膜有刺激作用；重铬酸钾为有毒有害物质，吸入后可引起急性呼吸道刺激症状、鼻出血、声音嘶哑、鼻黏膜萎缩，有时出现哮喘和紫绀，重者可发生化学性肺炎；硫酸锰吸入、摄入或经皮吸收有害，有刺激作用。

(7) 环境污染。

若随意倾倒废液致使废液未经处理而流出，会导致环境污染。

思考题

(1) 在溶解度法绘制苯酚-水部分互溶双液系相图的实验中，应该如何称取苯酚溶液？

(2) 实验所用试剂为丙酮，误服后会有哪些症状？如何处理？

(3) 在环己烯的制备实验中，加热套温度为什么不能太高？

(4) 在焊锡中锡含量的测定实验中，王水操作时应做好哪些防护？

参考文献

[1] 赵明,宋秀庆,祝永卫,等.新形势下高校实验室安全管理现状与策略研究[J].实验技术与管理,2018(11):6-9.

[2] 宋志军,王天舒,蔡美强,等.高校实验室安全教育现状及对策分析[J].实验室研究与探索,2015(8):280-283.

[3] 冯建跃,杜奕,张新祥,等.高校实验室安全三年督查总结(Ⅰ):回顾与思考[J].实验技术与管理,2018(7):1-4.

[4] 杜奕,冯建跃,张新祥,等.高校实验室安全三年督查总结(Ⅱ):从安全督查看高校实验室安全管理现状[J].实验技术与管理,2018(7):6-11.

[5] 闵鑫,李金洪,房明浩,等.新形势下强化高校实验室安全教育的重要性及其发展趋势[J].科技创新导报,2017(13):201-202.

[6] 秦静.危险化学品和化学实验室安全教育读本[M].北京:化学工业出版社,2018.

[7] 孙万付.危险化学品安全技术全书[M].3 版.北京:化学工业出版社,2017.

[8] 胡忆沩,陈庆,杨梅,等.危险化学品安全实用技术手册[M].北京:化学工业出版社,2018.

[9] 宋志军,王天舒.图说高校实验室安全[M].杭州:浙江工商大学出版社,2017.

[10] 付净,刘虹,刘文博.高校实验室火灾爆炸事故原因分析及管理对策[J].吉林化工学院学报,2018(5):87-92.

[11] 邓志华,孙素明,刘天得,等.危险化合物爆炸性基团分析及合成反应中安全控制[C].全国危险物质与安全应急技术研讨会论文,2011: 960-965.

[12] 北京大学化学与分子工程学院实验室安全技术教学组.化学实验室安全知识教程[M].北京:北京大学出版社,2012.

[13] 朱莉娜,孙晓志.高校实验室安全基础[M].天津:天津大学出版社,2014.

[14] 王强,张才.高校实验室安全准入教育[M].南京:南京大学出版社,2019.

[15] 余新炳.实验室生物安全[M].北京:高等教育出版社,2015.

后 记

进入实验室的你，是否知道哪种实验操作最可能带来潜在的安全隐患？是否接受了实验室安全操作专业培训？是否因误操作浪费过昂贵的试剂？是否损坏过实验室仪器设备？是否受到过伤害？受到伤害的时候你会马上自我救治吗？是否已经习惯了一边听着音乐、一边向面前的试管中添加药品？是否已经习惯不戴口罩沉浸于各种令人不快的味道当中？这些平时很可能被我们忽视的隐患也许就是将来实验失败的直接原因，更可能给我们的健康、环境带来长远的影响，“无知”和“麻木”，到底哪个更可怕？

唐代诗人杜荀鹤《泾溪》诗云：泾溪石险人兢慎，终岁不闻倾覆人。却是平流无石处，时时闻说有沉沦。这首诗言浅意深，处险未必险，反而可能寓安于其中；居安未必安，反而可能藏险于其中。就像在实验室中，可怕的不是“我不知道、我不了解”，而是“我才是最懂化学的”思想。后者也许出自学科知识和见识积累而成的自信心，或是对未知世界的探索和合成新物质的成就感，但是这种思想弱化了实验人员的“风险意识”，阻碍了“多向思维”。以专心致志的单向目标式思维面对复杂而专业的操作时，会丧失“多维度思考”的视角，以轻视的态度让自己远离了控制与保护，也会抵触实验室安全教育，而这往往就是实验室事故的开始。

化学实验室的安全教育是一项长期的、与时俱进的工作，建立健全的化学实验室安全教育体系，对于牢固树立以人为本的安全意识，持续培养操作能力和应急反应能力，切实保障实验教学和科研工作正常运行具有重要的意义。本书基于上述认识，在教学内容上贴近现阶段本科化学实验过程的实际需要，注重实用性和先进性；在教学手段上依托现代信息技术，打造了一个“立体化、情景化、互动化”的化学实验室安全教育新体系，充分地调动了学生的多种感官，旨在培养学生的安全意识和责任感，建立对于安全事故的预判和处理能力，促使其养成科学、健康、安全的行为习惯，消除日常工作中的安全隐患，减少意外的发生。

刘 宇

2020 年 3 月于大连